개념이 술술! 이해가 쏙쏙!
수학의 구조

개념이 술술!
이해가 쏙쏙!

수학의 구조

가토 후미하루 감수 | 한진아 옮김

시그마북스
Sigma Books

개념이 술술! 이해가 쏙쏙!
수학의 구조

발행일 2021년 4월 5일 초판 1쇄 발행
2022년 6월 10일 초판 2쇄 발행
감수자 가토 후미하루
옮긴이 한진아
발행인 강학경
발행처 시그마북스
마케팅 정제용
에디터 최윤정, 최연정
디자인 김문배, 강경희

등록번호 제10-965호
주소 서울특별시 영등포구 양평로 22길 21 선유도코오롱디지털타워 A402호
전자우편 sigmabooks@spress.co.kr
홈페이지 http://www.sigmabooks.co.kr
전화 (02) 2062-5288~9
팩시밀리 (02) 323-4197
ISBN 979-11-91307-25-2(03410)

STAFF
イラスト 桔川 伸、北嶋京輔、栗生ゑるこ
デザイン・DTP 佐々木容子（カラノキデザイン制作室）
編集協力 浩然社

Original Japanese title: ILLUST & ZUKAI CHISHIKI ZERO DEMO TANOSHIKU YOMERU!
SUGAKU NO SHIKUMI
Copyright © 2020 KOZENSHA
Original Japanese edition published by Seito-sha Co., Ltd.
Korean translation rights arranged with Seito-sha Co., Ltd.
through The English Agency (Japan) Ltd. and Eric Yang Agency, Inc

머리말

영어 회화를 배우듯이 가볍게 수학을 배우고 싶다는 사람이 많다.

30여 년 전에 '앞으로는 영어를 잘하는 사람이 성공한다'라는 말이 있었다. 이로 인해 영어를 잘하기 위해 많은 사람이 다시 영어를 배웠다. 영어 회화 수업도 많이 생겨났다. 그리고 30여 년이 지난 지금은 영어로 대화할 수 있는 사람이 많아졌다.

최근에는 '앞으로는 수학을 잘하는 사람이 성공한다'라는 소리를 종종 듣는다. IT화가 진행되고 인공지능(AI)이 우리 사회와 생활을 점점 변화시키는 현시대에는 수학이 사회 구석구석까지 침투해 있다. 이런 사회에서는 수학의 중요성이 더욱 커지고 있다. 많은 사람이 학교에서 배웠던 수학을 다시 배우고 싶어 한다. 혹은 원래는 문과라서 수학을 어려워했던 사람도 수학의 재미를 느껴 보고 싶다고 한다. 심지어 성인을 위한 수학 교실까지 생겨났다. 몇십 년 후의 미래에는 수학을 잘하는 사람이 훨씬 많아지지 않을까.

그렇다면 수학을 잘한다는 것은 어떤 의미일까? 여러 가지가 있겠지만, 결국 영어 회화와 별반 다르지 않다. 단어를 많이 암기한다고 해서 영어로 술술 말할 수는 없듯이 공식을 많이 암기한다고 해서 수학을 잘하지는 않는다. 영어 회화 학습에서 많이 말해 보는 것이 중요하듯, 수학도 많은 문제를 풀어 보는 것이 중요하다. 수학을 위한 소재는 주변에 많다.

이 책에서는 즐겁고 가볍게, 하지만 성실하게 수학을 공부하기 위한 소재를 많이 소개한다. 영어 회화 배우듯 가벼운 마음으로 수학을 즐겼으면 한다. 이런 생각으로 재밌는 수학 소재를 엄선하고 알기 쉽도록 친절하게 설명했다. 항목마다 설명문 이외에도 많은 일러스트를 넣어 일러스트와 도해만으로도 즐길 수 있는 내용이다.

이 책으로 방대하고, 심오하고, 아름다운 수학의 세계에 첫발을 딛기 바란다.

도쿄공업대학 이학원 수학과 교수
가토 후미하루

차례

제 3 장 기상천외! 수학의 신기한 세계

제 **1** 장

알고 싶어!

수학의
이것저것

'수학'이라는 말에 매료당해도 어려워 보여서 좀처럼 용기가 나지 않는다는 사람이 많다. 하지만 의외로 간단하게 수학의 재미를 느낄 수 있다. 수와 도형의 신기한 성질을 살펴보자.

01 숫자의 기원은 언제일까? 어떤 종류가 있었을까?

그렇 구나! 아라비아 숫자는 약 500년 전에 지금과 같은 형태로, 한자 숫자는 고대부터 지금까지 사용되고 있다!

현재 우리가 사용하는 '0, 1, 2, 3, 4, …'라는 숫자는 **아라비아 숫자**(산용 숫자)라고 불리며, **약 500년 전에 현재와 같은 형태가 되었다**. 아라비아 숫자의 특징은 '0' 이 존재한다는 것이다. 0의 발견 덕분에 계산이 쉬워졌고, 세계 공통어로 퍼져나 가게 되었다. 그렇다면 아라비아 숫자가 등장하기 전, 고대에는 어떤 숫자를 사 용했을까?

고대에는 지역마다 다른 숫자를 사용했다. 고대 이집트에서는 **사물 형태로** 숫자를 표현했다. 1은 막대기, 10은 동물의 족쇄, 100은 새끼줄, 1000은 연꽃, 10000은 손가락으로 표현했다[그림1]. 고대 메소포타미아(현재의 이라크)에서는 **설형문자**를 사용했으며, 쐐기의 수나 방향으로 숫자를 표현했다[그림2]. 고대 그 리스에서는 'α(알파), β(베타)' 등 **그리스 문자**로 표현했다[그림3]. 현재도 시계 숫자 판에 사용하는 로마 숫자는 **로마 문자**를 사용한 것이다[그림4].

고대 중국에서는 **한자**(한자 숫자)로 숫자를 표현했다. 한자 숫자는 '百(백), 千 (천), 万(만)'과 같은 단위로 표현해 사용하기가 쉬워서 현재도 사용하고 있다.

고대에는 다양한 숫자가 있었다

▶ 고대 이집트 숫자 [그림1]

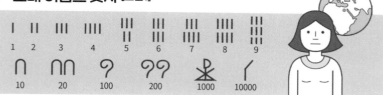

▶ 고대 메소포타미아 숫자 [그림2]

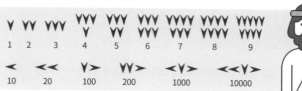

▶ 고대 그리스 숫자 [그림3]

※ 숫자라는 것을 나타내기 위해 문자에 아포스트로피를 붙였다.

▶ 고대 로마 숫자 [그림4]

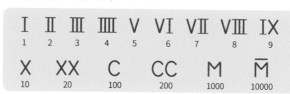

02 옛날에는 '0'이 없었다? 특수한 수 '0'의 발견

지식

그렇구나! 고대 인도 사람이 '수로서의 0'을 발견. 이 덕에 큰 수를 계산할 수 있게 되었다!

'0'의 발견은 수학 역사상 가장 중요한 발견이라고 불린다. 고대 숫자에는 '0'이 없었다. 따라서 고대 메소포타미아에서는 예를 들어, 28과 208을 구별하기 위해 2와 8 사이에 비스듬한 빗장을 놓았다고 한다. 이것은 **기호로서의 0**을 사용한 최초의 예이지 **숫자로서의 0**은 아니다. 그리스 숫자와 로마 숫자에도 '0'을 나타내는 문자는 없고, 천, 만 등의 문자를 사용했기 때문에 계산이 어려웠다.

 '0'을 처음 수로 다룬 사람은 고대 인도 사람으로 5세기 무렵이라고 한다. 0을 발견함으로써 0을 포함한 수의 표기로 계산이 가능해졌다. 이것이 십진법에 기초한 **위치 기수법**[그림1]이며, 위치 기수법 덕분에 큰 수를 계산할 수 있게 되었다.

 '0'을 포함한 인도 숫자는 8세기 무렵에 아라비아에 전해져 개량되었으며, 나아가 유럽에도 전해져 **아라비아 숫자**[그림2]를 전 세계에서 사용하게 되었다. '0'의 발견은 숫자뿐만이 아니라 경제학, 천문학, 물리학 등의 발달에도 공헌했다.

 참고로 서기에는 '기원 0년'이 없다. 그 이유는 유럽에서 서기가 사용되기 시작한 6세기에는 아직 '0'이 유럽에 전해지지 않았기 때문이다.

편리한 '0'을 포함한 아라비아 숫자

▶ 위치 기수법이란? [그림1]

숫자를 쓰는 위치에 따라 단위가 결정되는 기수법을 말한다.

예 150×302의 경우

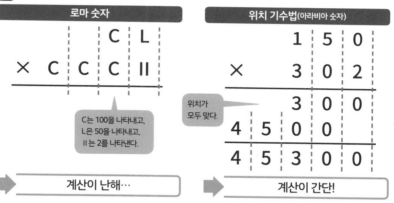

로마 숫자

C는 100을 나타내고,
L은 50을 나타내고,
II는 2를 나타낸다.

➡ 계산이 난해…

위치 기수법(아라비아 숫자)

위치가 모두 맞다.

➡ 계산이 간단!

▶ 인도 숫자에서 아라비아 숫자로 변화 [그림2]

인도 숫자(10세기 무렵 인도)

아라비아 숫자(11세기 아라비아)

아라비아 숫자(14세기 유럽)

03 전자계산기는 언제 생겼을까? 계산의 역사와 계산기

지식

영국의 수학자 네이피어가 곱셈을 간단하게 할 수 있는 '네이피어 계산기'를 발명!

전자계산기가 없었던 시대에는 곱셈과 나눗셈과 같은 복잡한 계산을 어떻게 했을까?

고대에는 선과 홈이 있는 판에 작은 돌을 늘어놓아 계산하는 **선 주판**이나 **틈 주판**을 사용했다. 고대 중국에서는 **산가지**라고 불리는 막대 형태의 계산 도구와 **구구단**을 발명했다. 구구단은 운율이 있어서 기억하기 쉽고 귀족의 교양 중 하나로 여겨졌다.

하지만 유럽에서는 구구단과 같은 암기법이 아니라, 곱셈을 할 때 덧셈을 반복했다. 참고로 주판은 조선 초기에 중국에서 한국으로 전해졌다고 한다.

17세기 영국의 수학자 **존 네이피어는 곱셈을 간단하게 할 수 있는 계산기를 발명했다.** 이 계산기는 0~9까지의 숫자가 쓰인 봉이 가장 위쪽에 나열된 형태로 **네이피어의 계산 봉**(네이피어의 뼈)이라고 불렀다. 네이피어의 계산 봉은 사선으로 더한 값을 왼쪽 위에서부터 읽어 내려가면 답이 나온다[오른쪽 그림]. 네이피어의 계산 봉은 나눗셈과 제곱근의 계산에도 응용할 수 있어서 네이피어가 사망한 뒤 다양하게 개량되어 보급되었다.

네이피어의 계산 봉은 구구단이 기본!

▶ 네이피어의 계산 봉을 이용한 계산

계산 봉의 숫자는 계산 봉의 가장 위에 있는 숫자에 대응하는 '구구단'으로 되어 있다.

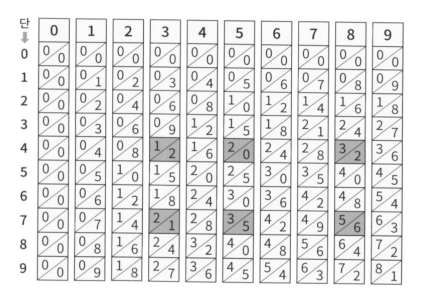

예 **358×47의 경우**

3의 봉, 5의 봉, 8의 봉에서 4단과 7단의 수를 확인한다.

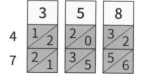

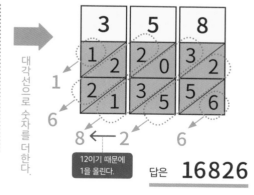

대각선으로 숫자를 더한다.

12이기 때문에 1을 올린다.

답은 **16826**

04
지식

전자계산기 숫자 배열에는 어떤 의미가 있을까?

그렇구나! 배열 자체는 사용하기 쉽게 만든 것이지만, 전자계산기의 배열에는 신기한 법칙이 있다!

전자계산기(전자식 탁상 계산기)는 1963년에 영국에서 등장했다. **전자계산기의 숫자키 배열은 전화기와는 반대로 밑에서부터 1, 2, 3인데 왜일까?** 실은 전자계산기는 처음부터 이런 배열은 아니었다. **이런 배열이 사용하기 쉽다고 느낀 사람이 많았기 때문에 이런 식의 배열이 되었다.** 이처럼 배열은 처음부터 정해져 있던 것은 아니지만, 실은 계산기의 숫자 배열에는 몇 가지 신기한 법칙이 있다.

우선 이 배열에는 **2220**이라는 수가 숨겨져 있다. 예를 들어, 1에서 시작해 시계 반대 방향으로 3개의 숫자 배열을 더하면 123+369+987+741=2220. 대각선상에 있는 숫자를 더하면 159+357+951+753=2220이 된다[그림1].

전자계산기를 사용해서 상대방이 고른 숫자를 맞힐 수도 있다. 8을 제외하고 1부터 순서대로 '12345679'라고 입력한 뒤, 상대에게 한 자리 숫자(예를 들면 4)를 골라 달라고 한다. 상대가 고른 숫자를 앞서 입력한 숫자에 곱한다. 곱한 결과 '49382716'에 9를 곱하면 '444444444'가 나오는데, 바로 상대가 선택한 한 자리 숫자의 나열이다. 또한 **전자계산기를 사용해 상대방의 생일을 맞힐 수도 있다**[그림2]. 이처럼 전자계산기로도 수의 신기한 법칙을 엿볼 수 있다.

숫자키의 신기한 법칙

▶ '2220'이 나타나는 덧셈 [그림1]

시계 반대 방향으로   1부터 반대 방향으로

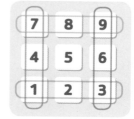

```
  1 2 3
  3 6 9
  9 8 7
+ 7 4 1
-------
2 2 2 0
```

대각선상   대각선을 왕복

```
  1 5 9
  9 5 1
  3 5 7
+ 7 5 3
-------
2 2 2 0
```

십자   가로 세로를 왕복

```
  2 5 8
  8 5 2
  6 5 4
+ 4 5 6
-------
2 2 2 0
```

각   각의 숫자를 각각 3번씩 나열한다

```
  1 1 1
  9 9 9
  3 3 3
+ 7 7 7
-------
2 2 2 0
```

▶ 전자계산기로 생일을 맞히는 방법 [그림2]

1 상대방에게 전자계산기를 건네고 생일의 '월'에 4를 곱하라고 한다.
(예를 들어. 5월 12일) **5 × 4 = 20**

2 이 수에 '9'를 더한 뒤 25를 곱하게 한다.
(20 + 9) × 25 = 725

3 그 수에 생일의 '일'을 더하게 한다.
725 + 12 = 737

4 전자계산기를 돌려받고 그 수에서 '225'를 뺀다.
737 - 225 = 512 ➡ 상대방의 생일

05
지식

24, 365…, 날짜와 관련된 수에 수학적 이유가 있을까?

그렇구나!

지구의 자전과 공전 주기와
달이 차고 이지러지는 주기와 관련이 있다!

하루와 일 년의 길이는 숫자로 정해져 있다. 이와 같은 날짜와 관련된 숫자를 결정할 때 수학적으로 어떤 계산이 사용되었을까?

하루란 지구가 **자전**하는 시간으로, 24시간(8만6000초)으로 알고 있다. **지구의 공전 주기가 약 365.2422일**이기 때문에 1년은 365일로 결정되었다[그림1].

한 달은 달의 위상이 변하는 주기(**약 29.53일**)가 기본이다. 하지만 29.53일에 12를 곱하면 354.36일로 1년의 일수와 어긋난다. 그래서 한 달을 30일이나 31일로 조정한 것이다. 그래도 어긋나기 때문에 4년에 한 번씩 **윤년**을 만들어 2월 29일을 넣었다. 2월에 조정하는 이유는 고대 로마에서 1년의 마지막 달을 2월이라고 여겼기 때문이다. 과학의 발달로 지구가 자전하는 속도에 차이가 있다는 것을 알게 되어, 오차를 조정하기 위해 여러 해의 사이에 **윤초**를 넣었다.

참고로 달력에는 신기한 법칙이 숨겨져 있다. 달력에서 9일만큼 정사각형을 만들어 그 수를 모두 더하면, 한가운데 숫자의 9배가 된다[그림9]. 또한 3월 3일과 7월 7일은 어떤 해든 같은 요일이 되고, 4월 4일과 6월 6일과 8월 8일도 어떤 해든 같은 요일이다. 달력에서 확인해 보자.

지구의 공전과 자전으로 날짜가 생겼다

▶ 지구의 공전과 자전 [그림1]

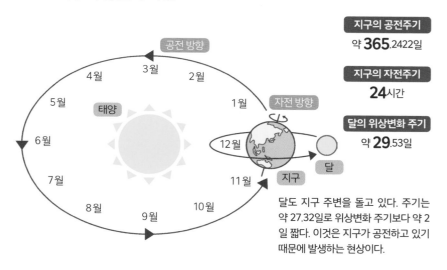

지구의 공전주기
약 **365**.2422일

지구의 자전주기
24시간

달의 위상변화 주기
약 **29**.53일

달도 지구 주변을 돌고 있다. 주기는 약 27.32일로 위상변화 주기보다 약 2일 짧다. 이것은 지구가 공전하고 있기 때문에 발생하는 현상이다.

▶ 달력에 숨겨져 있는 규칙 [그림2]

9일만큼 정사각형 안에 있는 수를 더하면 한가운데 수의 9배다.

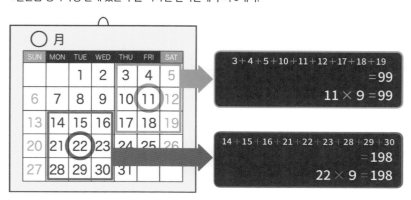

$$3+4+5+10+11+12+17+18+19$$
$$=99$$
$$11 \times 9 = 99$$

$$14+15+16+21+22+23+28+29+30$$
$$=198$$
$$22 \times 9 = 198$$

06
수

배열과 관련된 신기한 법칙, 수학의 '마방진'이란?

그렇구나! 가로, 세로, 대각선, 어떤 줄이든 모두 합이 같은 배열. 완전 마방진, 마육각진 등이 있다!

수학 세계에는 **'마방진'**이라고 **불리는 배열**이 있다. 정사각형의 칸에 숫자를 배열해 가로, 세로, 대각선, 어느 줄을 더해도 같은 수가 되는 것을 마방진이라고 부른다.

3×3의 9칸으로 만들어진 마방진(삼방진)이 유명하다. 삼방진은 대칭인 배열을 제외하면 기본적으로 1가지밖에 없는데, 바로 **'4 9 2' '3 5 7' '8 1 6'**이다[그림1]. 이 밖에도 4×4로 만들어진 사방진도 있다. 사방진에는 880가지나 되는 조합이 있고, 오방진, 육방진, 칠방진…. 큰 수의 마방진도 있지만 몇 방진까지 만들 수 있는지는 수수께끼다.

대각선뿐만 아니라 어떤 부분의 평행한 사선의 수의 합이든 모두 일치하는 **완전 마방진**이라고 하는 것도 있다. 사방진의 완전 마방진은 48가지가 있다. 또한 **마육각진**이라고 불리는 육각형 마방진도 있다. 이것은 가로, 오른쪽 사선, 왼쪽 사선, 어떤 열의 합이든 모두 '38'이 된다[그림2].

옛부터 마방진에는 신비한 힘이 있다고 믿어 16세기 서양에서는 마방진을 새긴 메달이나 부적을 마귀를 쫓기 위해 사용했다고 한다.

어느 열의 합이든 같은 수가 된다!

▶ 3×3 마방진(삼방진) [그림1]

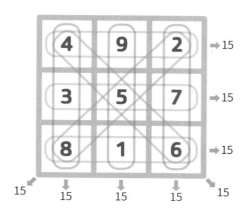

15 → 15
15 → 15
15 → 15

15 15 15 15 15

가로, 세로, 대각선, 어떤 열의
숫자를 더해도 15가 된다.

○ 마방진

× 마법진

▶ 완전 마방진과 마육각진 [그림2]

완전 마방진

가로, 세로, 대각선뿐만 아니라, 평행한 사선의
수※의 합도 모두 일치한다.

1	12	13	8
15	6	3	10
4	9	16	5
14	7	2	11

※ 같은 색이 칠해진 칸의 수를 더하면 34가 된다.

마육각진

가로, 오른쪽 사선, 왼쪽 사선의 모든 열의 합이
38이 된다.

Q 종이를 몇 번 접으면 달까지 닿을까?

| 42회 | or | 102회 | or | 10002회 |

지구에서 달까지의 거리는 약 38만km. 시속 300km인 KTX로 약 53일, 도보(시속 4km)라면 약 11년이나 걸리는 거리다. 만약 종이를 반으로 접고, 그것을 다시 반으로 접어 몇 번이고 접어 나간다고 한다면, 몇 번을 접으면 달에 닿을 수 있을까?

현재 5mm

1969년 미국의 우주선 **아폴로 11호**가 인류 최초로 달 표면 착륙하는 데 성공해 **레이저 반사경**을 달에 설치했다. 지구에서 레이저 광선을 발사해 반사경에 닿고 돌아오기까지의 시간은 약 2.52초. 빛의 빠르기는 초속 약 30만km이기 때문에 달까지의 거리는 **약 30만km×(2.52÷2)=약 38만km**라고 정확하게 측정할 수 있게 되었다(달은 지구 주변을 공전하기 때문에 거리가 일정하지는 않다).

지구와 달 사이는 거리가 엄청 멀지만 **거대한 종이**를 접어서 계속 겹치면 계산상으로는 도달할 수 있을 것이다. 계산하기 쉽게 접은 종이의 두께를 0.1mm라고 하자. 반으로 접으면 0.2mm(0.1×2), 두 번 접으면 0.4mm(0.1×2×2)다. 즉, **접을 때마다 종이의 두께는 2배**가 된다. 그렇다면 10번 접으면 어떻게 될까? 계산식은 $0.1×2^{10}$이고, $2^{10}=1024$이기 때문에, 종이의 두께는 0.1×1024=102.4mm (약 10cm)가 된다.

그렇다면, 20번 접으면 어떻게 될까? 계산식은 $0.1×2^{20}$으로, 0.1×1024×1024=104857.6mm(약 105m)다.

▷ 접은 종이의 두께 비교

40회 접는다면 **$0.1×2^{40}$**이기 때문에 약 11만km. 41회면 11만km×2=약 22만km. 그리고 42회면 **약 22만km×2=약 44만km**가 된다. 드디어 달에 도달했다.

물론 실제로 종이를 42번 접는다는 것은 불가능하다. 어디까지나 이론상 이야기지만, 달이 조금이나마 가깝게 느껴졌길 바란다.

07 유리수? 무리수?
수의 종류에는 무엇이 있을까?

그렇구나! 자연수와 정수, 분수, 소수 등이 유리수고, 분수로 나타내지 못하는 수가 무리수!

물건의 길이나 무게 등, 실생활에 사용하는 모든 수를 **실수**라고 한다. 실수는 **유리수**와 **무리수**로 나뉜다. 유리수에는 **자연수, 정수, 분수** 등이 있다. 자연수는 물건을 셀 때 '1, 2, 3, …'이라고 하는 것이며, 정수에는 자연수 이외에도 '0'과 '-1, -2, -3, …' 등 마이너스를 붙인 '음의 정수'도 포함된다. 분수는 '1÷3'을 '$\frac{1}{3}$'이라고 표현한 것이다. 소수는 0.2나 1.25 등 0을 넘고 1 미만인 수를 분수로 사용하지 않고 소수점을 이용해 표현한 것이다. 소수점 아래 숫자가 어디까지인지 셀 수 있는 **유한소수**와 소수점 아래 숫자를 셀 수 없는 **무한소수**로 나뉜다. 무한소수 중 같은 숫자가 무한으로 반복되는 숫자를 **순환소수**라고 부른다. 예를 들어, $\frac{1}{3}$은 소수로 표현하면 0.33333…으로 소수점 아래 3이 무한으로 반복된다. **유한소수와 순환소수는 유리수로 모두 분수로 표현할 수 있다.**

무리수란 유리수로 표현하지 못하는 수로 예를 들면, 2의 제곱근($\sqrt{2}$=1.414213 …)은 규칙적이지 않은 숫자가 무한으로 계속된다. 이런 무한으로 계속되는 소수를 **비순환 소수**라고 하며 분수로 표현할 수 없다. 이 비순환 소수만 무리수로 분류된다[오른쪽 그림]. 무리수는 고대 그리스에서 발견되었다.

분수로 표현할 수 있느냐 없느냐가 포인트

▶ 실수(유리수+무리수)를 분류하는 방법

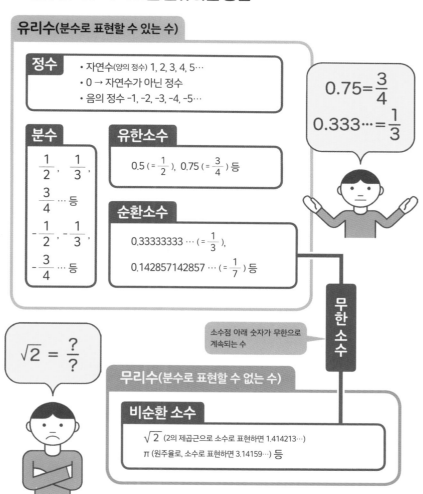

유리수(분수로 표현할 수 있는 수)

정수
- 자연수(양의 정수) 1, 2, 3, 4, 5⋯
- 0 → 자연수가 아닌 정수
- 음의 정수 -1, -2, -3, -4, -5⋯

$$0.75 = \frac{3}{4}$$
$$0.333⋯ = \frac{1}{3}$$

분수

$\frac{1}{2}$, $\frac{1}{3}$,

$\frac{3}{4}$ ⋯등

$-\frac{1}{2}$, $-\frac{1}{3}$,

$-\frac{3}{4}$ ⋯등

유한소수

0.5 ($= \frac{1}{2}$), 0.75 ($= \frac{3}{4}$) 등

순환소수

$0.33333333⋯$ ($= \frac{1}{3}$),

$0.142857142857⋯$ ($= \frac{1}{7}$) 등

무한소수

소수점 아래 숫자가 무한으로
계속되는 수

$$\sqrt{2} = \frac{?}{?}$$

무리수(분수로 표현할 수 없는 수)

비순환 소수

$\sqrt{2}$ (2의 제곱근으로 소수로 표현하면 1.414213⋯)
π (원주율로, 소수로 표현하면 3.14159⋯) 등

08 컴퓨터와 관련된 숫자에는 왜 8의 배수가 많을까?

지식

그렇구나!

컴퓨터는 0과 1만을 사용한다!
이진법이면 8의 배수가 딱 떨어지니까!

컴퓨터 데이터는 8비트, 16비트, 32비트 등 주로 8의 배수로 다룬다. 왜 그럴까? 그 이유는 **컴퓨터가 '0'과 '1' 두 개의 숫자만 사용할 수 있기 때문**이다. 즉, 온(On)과 오프(Off)로 이루어진 전기신호만 사용한다.

우리가 평소 사용하는 것은 **십진법**이며, '0' '1'만으로 표현하는 방법을 **이진법**이라고 한다. 이진법에서는 1, 2, 4, 8처럼 2배마다 자릿수가 올라가기 때문에 '8'을 '1000', '16'을 '10000', '32'를 '100000'이라고 표현한다. 즉, 컴퓨터 입장에서 딱 떨어지는 숫자를 십진법으로 나타내면 8의 배수가 되는 것이다.

컴퓨터가 다루는 데이터의 최소단위는 1비트(bit)이며, **8비트를 1바이트(byte)**라고 한다. 키보드에 있는 0~9까지의 숫자키로 수치를 입력할 때 컴퓨터 내부에서는 '5'는 '00000101', '12'는 '00001100'처럼 모두 '0'과 '1'로 이루어진 8행의 숫자로 변환한다[그림1].

숫자뿐만 아니라 문자도 이진법으로 표현한다. 반각영숫자 'A'는 '01000001'이라는 8자리 숫자가 할당된다[그림2]. 'A'라는 하나의 문자를 1바이트의 정보량으로 표현한다.

'0'과 '1'로 표시하는 숫자와 문자

▶ 이진법과 8비트로 표시 [그림1]

십진법	이진법	8비트 표시
0	0	00000000
1	1	00000001
2	10	00000010
3	11	00000011
4	100	00000100
5	101	00000101
8	1000	00001000
12	1100	00001100
16	10000	00010000
32	100000	00100000
64	1000000	01000000
100	1100100	01100100
254	11111110	11111110
255	11111111	11111111

※ 8비트로 표시할 수 있는 가장 큰 수는 255.

▶ 반각영숫자 'A' 표시 [그림2]

컴퓨터 세계에서는 각각의 문자에 번호가 할당
된다. 반각영숫자 하나의 문자에는 8비트(1바이
트)의 정보가 사용되고, 'A'는 '01000001'이라
는 번호가 할당된다.

전기신호

| 0 | 1 | 0 | 0 | 0 | 0 | 0 | 1 |

한 칸이 1비트

8비트(1바이트)의 정보

A 라고 표시

09 1보다 작은 수를 나타내는 '소수'는 누가 발견했을까?

수

그렇구나! 16세기 수학자가 소수와 소수점을 발견. 분수 계산이 간단해졌다!

1보다 작은 수를 나타내는 **소수**는 언제 탄생했을까?

가장 오래된 소수는 고대 메소포타미아에서 표기한 숫자라고 하는데, 소수점이라는 개념도 없었다. 고대 중국에서도 소수가 표기된 자료가 있지만, **분, 홀 등의 단위**가 붙어 있었기 때문에 계산은 어려웠다. [그림1].

현재 우리가 사용하는 소수를 유럽에 처음 도입한 사람은 16세기 벨기에의 수학자 **시몬 스테빈**이다. 군대 회계 담당이었던 스테빈은 군대 자금 이자를 계산할 때 분수를 사용했다. 하지만 분모가 11이나 12인 숫자는 계산이 매우 복잡하다. 여기서 스테빈은 분수의 분모를 10이나 100, 1000 등 '10의 거듭제곱'으로 만들면 계산이 간단해진다는 것을 발견했다. 나아가 정수를 ⓪, $\frac{1}{10}$ 을 1①, $\frac{1}{100}$ 을 1②, $\frac{1}{1000}$ 을 1③으로 표기하는 방법을 생각했다. 이것을 **스테빈의 소수**라고 한다[그림2].

이로부터 약 20년 후 영국의 수학자 **존 네이피어**가 정수와 소수 사이에 기호를 넣으면, 소수의 위치에 각각 ①②③을 표기할 필요가 없다는 것을 발견해 **소수점**을 제안했다. 이렇게 해서 소수를 다룬 계산이 훨씬 편해졌다.

소수의 발견은 16세기 무렵이었다

▶ 고대 중국의 소수 단위 [그림1]

단위	수치
분(分)	0.1
리(厘)	0.01
모(毛)	0.001
사(絲)	0.0001
홀(忽)	0.00001
미(微)	0.000001
섬(纖)	0.0000001
사(沙)	0.00000001
진(塵)	0.000000001
애(埃)	0.0000000001
묘(渺)	0.00000000001
막(漠)	0.000000000001
모호(模糊)	0.0000000000001
준순(浚巡)	0.00000000000001
수유(須臾)	0.000000000000001
순식(瞬息)	0.0000000000000001
탄지(彈指)	0.00000000000000001
찰나(刹那)	0.000000000000000001
육덕(六德)	0.0000000000000000001
허공(虛空)	0.00000000000000000001

▶ 스테빈의 소수 [그림2]

스테빈의 소수 표기법

예 3.141의 경우

스테빈의 소수로 표현한 곱셈

예 3.14×5.2의 경우

소수의 마지막 위치를 나타내는 원 안의 숫자를 더하면 답의 마지막 위치가 나온다.

대단해! 수학자 01

시몬 스테빈
(1548~1620)

벨기에의 수학자. 1585년 소책자 『소수(La Thiende)』에서 10진분수와 일상적인 사용에 대해 설명했다.

10
수

천, 만, 억, 조…
이것보다 큰 단위는?

그렇구나! 경, 해, 자 등 특별한 단위를 사용한다!
미국에서는 구골과 같은 단위도 존재한다!

억, 조보다 큰 숫자 단위는 어떤 것이 있고, 어디까지 있을까? 조 다음은 **경, 해, 자** 등의 단위가 있고, 가장 큰 단위는 **무한대수**다[그림1].

이 단위는 지구 무게를 나타낼 때와 같이 특별한 경우를 제외하고, 일상적으로는 사용하지 않는다[그림2]. 또한 **항하사, 아승기, 나유타**는 불교 경전에서 사용한 용어로 무한의 수량과 시간을 의미한다.

한국의 숫자는 4자리 수마다 단위가 바뀌지만, 미국에서는 3자리마다 단위가 바뀐다. 예를 들면, 미국에서는 **밀리언(million=100만)은 1,000,000**이고, **빌리언(billion=10억)은 1,000,000,000**이라고 표기한다. 10의 100승을 나타내는 단위는 **구골(googol)**이라고 한다. 이는 1920년 미국의 수학자 **에드워드 캐스너**의 조카가 생각해 낸 단위로, 캐스너가 자신의 저서에 기록해 보급했다. 참고로 구글(google)의 창업자는 구골의 철자를 틀리게 썼던 일화를 계기로 구글이라는 사명을 지었다고 한다.

현재 수학의 증명에 사용된 적 있는 가장 큰 수는 **그레이엄 수**라고 하는데, 너무나도 큰 수라 보통의 수식으로는 표현할 수 없다.

천문학적으로 거대한 수를 나타내는 단위

▶ 수 단위 [그림1]

단위	단위
일	1
십	10
백	100
천	1000
만	10000
억	10^8
조	10^{12}
경	10^{16}
해	10^{20}
자	10^{24}
양	10^{28}
구	10^{32}
간	10^{36}
정	10^{40}
재	10^{44}
극	10^{48}
항하사	10^{52}
아승기	10^{56}
나유타	10^{60}
불가사의	10^{64}
무한대수	10^{68}

▶ 거대한 수로 나타내는 수치 [그림2]

지구의 무게

약 **5**자 **9721**해
9000경 kg

인체를 구성하는 원자의 수

약 **1000**자 개

우주에 있는 별의 수(추산)

약 **400**해

11
수

완전? 친화? 부부?
약수에 숨겨진 법칙

수학에는 약수의 합에 따라
완전수, 친화수, 부부수와 같은 개념이 있다!

어떤 수(자연수)를 나누어 쪼갤 수 있는 수를 '약수'라고 한다. 예를 들면, 6은 1, 2, 3, 6 등의 숫자로 나눌 수 있는데, 이 경우 약수는 1, 2, 3, 6, 이렇게 4개가 된다.

그리고 6의 약수는 6을 제외하고 전부 더하면 6이 된다. 예를 들면, 4의 약수는 1, 2, 4이지만 1과 2를 더해도 4가 되지 않는다. 이처럼 **그 수(여기서는 6) 이외의 약수를 더하면 그 수가 되는 수를 '완전수'라고 한다**[그림1]. 가장 작은 완전수는 6이다. 『구약성서』에 신은 6일간 세계를 창조했다고 한다. 다음 완전수는 28인데, 달의 공전주기가 약 28일이기 때문에 6과 28은 신의 완전성을 나타내는 숫자라고 여겼다. 28 다음은 496, 8128, …이다. 2018년에 51번째 완전수가 발견되었다. 지금까지 발견된 완전수는 모두 짝수이기 때문에 홀수인 완전수는 존재할까? 완전수는 무한으로 존재할까? 하는 의문이 아직 해결되지 않은 채 남아 있다.

또한 **자신을 제외한 약수의 합이 서로 같아지는 두 개의 수를 '친화수'라고 한다**[그림2]. 가장 작은 친화수는 220과 284다. 그리고 **자신과 1을 제외한 약수의 합이 서로 같아지는 두 개의 수를 '부부수'라고 한다**[그림3]. 가장 작은 부부수는 48과 75다. 약수에는 이렇게 신기한 관계를 가진 법칙이 있다.

약수를 더하면 나타나는 수의 성질!

▶ 신비한 수라고 여기는 완전수 [그림1]

6의 약수는 1, 2, 3, 6
6을 제외한 약수의 합은 1+2+3=6

발견된 것 중 가장 큰 51번째 완전수.
110847779864…(생략)…007191207936
무려 49724095자리!

▶ 약수의 합이 서로의 수가 된다 친화수 [그림2]

220의 약수 중에서 220을 제외하고 모두 더하면
1+2+4+5+10+11+20+22+44+55+110=284

284의 약수 중에서 284를 제외하고 모두 더하면
1+2+4+71+142=220

▶ 짝수와 홀수의 조합인 부부수 [그림3]

48의 약수 중에서 48과 1을 제외하고 모두 더하면
2+3+4+6+8+12+16+24=75

75의 약수 중에서 75와 1일 제외하고 모두 더하면
3+5+15+25=48

12
수

셰에라자드 수? 소정산? 사칙연산의 신기한 법칙

그렇구나! 셰에라자드 수나 소정산은 사칙연산으로, 수의 신비로움을 느끼게 해준다!

덧셈, 뺄셈, 곱셈, 나눗셈이라는 네 개의 기본적인 법칙을 사용하는 계산 방법을 **사칙연산**이라고 한다. 이 **사칙연산**으로 신기한 성질이 나타나는 수의 법칙을 살펴보자.

우선은 **셰에라자드 수(1001)**. 3자리 숫자를 반복해서 6자리 숫자로 만들고 그것을 1001로 나누면, 원래 숫자로 돌아간다는 법칙이다. 예를 들어, '894894'를 1001로 나누면 '894'가 된다[그림2]. 셰에라자드는 『천일야화』에 등장하는 왕비로 이 '천일'의 이름을 따서 셰에라자드 수라고 부른다.

소정산(小町算)은 1부터 9까지의 숫자 사이에 '+' '-' '×' '÷' 기호를 넣어 답을 100으로 만드는 숫자 퍼즐이다[그림1]. 123-45-67+89=100과 같은 수식을 말한다.

그리고 **순환수**라고 부르는 숫자도 있다. 예를 들어, '142857'은 2배, 3배, 4배…하면 '142857'라는 숫자 순서가 바뀌지 않고 순환하는 수가 된다[그림3]. 이밖에도 '588235294117647'도 순환수에 속한다.

숫자의 세계에는 이런 신기한 성질을 가진 수와 법칙이 많이 존재한다.

사칙연산에 따른 신기한 수의 세계

▶ 소정산 [그림1]

정순(1 ⇒ 9의 순서)

123+45-67+8-9=100

123-4-5-6-7+8-9=100

123+4-5+67-89=100

1+2+3-4+5+6+78+9=100

1×2×3×4+5+6+7×8+9=100

1+2+3+4+5+6+7+8×9=100

1×2×3-4×5+6×7+8×9=100

1+2+34-5+67-8+9=100

1+23-4+5+6+78-9=100

12+3+4+5-6-7+89=100

12-3-4+5-6+7+89=100

1+23-4+56+7+8+9=100

역순(9 ⇒ 1의 순서)

98-76+54+3+21=100

98+7-6+5-4+3-2-1=100

98+7-6×5+4×3×2+1=100

▶ 셰에라자드 수 [그림2]

894를 반복한 '894894'를 1001로 나누면

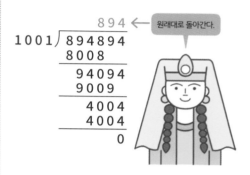

원래대로 돌아간다.

▶ 순환수[그림3]

142857에 1부터 6까지의 수를 곱하면

142857×1=142857

142857×2=285714

142857×3=428571

142857×4=571428

142857×5=714285

142857×6=857142 ◀ 같은 숫자가 같은 순서로 순환한다!

142857에 **7**을 곱하면

142857×7=999999 ◀ 9가 6개가 된다!

13
지식

미터와 같은 거리 단위는
언제, 누가 결정했을까?

그렇구나! 미터라는 길이 단위는 지구 크기를 기준으로
18세기 말에 정해졌다!

옛부터 길이를 측정하는 단위로 '자(尺)'와 '촌(寸)' 등을 사용했는데, 현재는 많은 국가가 **미터(m)**, **센티미터(㎝)** 등을 사용한다. 이 단위는 누가, 언제 정했을까?

세계 각지의 길이 단위는 제각각이어서 무역을 할 때 불편함이 있었다. 18세기 말, 프랑스 혁명이 일어났을 때 프랑스 정치가인 탈레랑이 새로운 단위를 만들자고 요청했다. 논의 끝에 **북극점에서 적도까지 거리의 1000만분의 1을 '1미터'로** 결정했다. 그 후 6년의 세월을 거쳐 프랑스 북부의 됭케르크에서 스페인 바르셀로나까지의 거리를 측량해, 그 결과를 바탕으로 적도에서 북극까지의 거리를 산출해 '1미터'의 길이를 결정했다. 참고로 이런 이유로 **지구 한 바퀴는 '약 4만 킬로미터'라는 딱 떨어지는 숫자가 되었다**[그림1].

프랑스는 1미터 길이의 금속제 자 **미터원기**를 제작해 기준으로 삼았다. 약 100년 후 국제적인 단위 통일을 목적으로 '미터 조약'을 맺었다. 그 후 금속은 경년변화를 일으키기 때문에, 1983년 **광속**을 이용한 기준으로 변경했다[그림2].

길이의 기준이 된 '미터'

▶ 미터의 길이를 결정한 방법 [그림1]

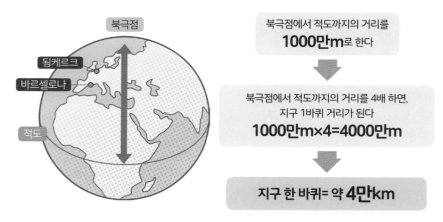

북극점

됭케르크

바르셀로나

적도

북극점에서 적도까지의 거리를
1000만m로 한다

북극점에서 적도까지의 거리를 4배 하면,
지구 1바퀴 거리가 된다
1000만m×4=4000만m

지구 한 바퀴= 약 **4만km**

※ 정확하게는 적도 1바퀴는 40075km이고 북극과 남극을 경유하는 1바퀴는 40005km다.

▶ 미터원기의 역사 [그림2]

미터원기는 1799년 측량 결과를 바탕으로 판형의 최초 원기가 제조되었다. 그 후 국제회의로 1879년 백금 이리듐으로 만든 '국제 미터원기'가 제작되었다.

백금 90%와 이리듐 10%로 이루어진 합금

국제 미터원기

우리나라는 1894년(조선 고종 31년) 국제 미터원기와 킬로그램원기를 도입했다.

1983년 1미터 기준이 진공 중에서 빛이 2억9979만2458분의 1초 사이에 진행하는 거리가 되었다.

14 인치, 피트, 마일…, 미국은 미터를 싫어한다?

지식

그렇 구나! 인치와 피트는 미국인의 일상생활에 침투된 단위로 변경하기는 불가능!

길이를 나타낼 때는 미터(m), 질량은 그램(g), 부피는 리터(ℓ) 등의 단위를 사용하는 제도를 '미터법'이라고 한다. 미터법은 세계 대부분의 국가에서 채용하고 있지만, **라이베리아와 미얀마 그리고 미국, 이 세 국가는 미터법을 채용하지 않았다.**

미국에서는 길이를 나타내는 단위에 **인치(inch), 피트(feet), 야드(yard), 마일(mile)** 등을 사용한다. 야드는 골프, 마일은 메이저리그의 구속 등에 사용되기 때문에 들어 본 사람도 많을 것이다. 이 단위는 손가락의 폭이나 다리의 길이, 팔의 길이를 기준으로 숫자가 정해졌다[오른쪽 그림].

또한 무게를 나타내는 단위 **파운드(pound)** 또한 미국에서는 일상적으로 사용한다. 1파운드는 보리 7000알의 무게로 사람이 하루 먹는 보릿가루의 무게이며 'lb'라는 기호로 나타낸다.

이런 독자적인 단위가 미국에서 계속 사용되는 이유는 여러 가지 설이 있지만, 일상생활에 깊게 침투해 있어서 지금에 와서 미터법으로 변경하기 어려워서라고 한다.

손과 다리를 기준으로 한 길이의 단위

▶ 길이·질량의 단위와 유래

인치

1인치 = **2.54**cm

엄지손가락의 폭

피트

1피트 = **30.48**cm

뒤꿈치에서 엄지발가락 끝까지의 길이

야드

1야드 = **91.44**cm

팔을 펼쳤을 때 머리 중심에서 손가락 끝까지의 길이

마일

1마일 = **1609.344**m

고대 로마에서 두 걸음 만큼의 길이(약 161cm)의 1000배

※마일(mile)은 라틴어로 천(mille)이라는 의미의 단어에서 유래했다

파운드

1파운드 = **453.592**g

보리 1알의 무게가 1그레인, 그 7000배

1그레인 ……

단위 변환표

1피트 = **12**인치
1야드 = **3**피트
1마일 = **1760**야드

알쏭달쏭! 수학 퀴즈 ①

지구를 감싼 밧줄을 지면에서 1m 띄울 때 필요한 길이는?

1702년에 영국의 수학자 윌리엄 휘스턴이 제안한 수학적인 이론이 직감을 뛰어넘는 예로 유명한 문제다.

1 지구 적도 위를 밧줄로 한 바퀴 감았다고 하자.

적도를 따라 밧줄을 감았다.

지구 한 바퀴의 거리는 약 4만km이니까 밧줄의 길이도 약 4만km

2 밧줄을 지면에서 1m 띄우기 위해서는 몇 m 늘려야 할까?

밧줄을 1m 띄우면 밧줄은 부족해진다

1m

지구 한 바퀴는 약 4만km, 지구의 반지름은 약 6350km다. 밧줄을 지면에서 1m 띄우면 길이는 얼마일까?

계산하기 쉽게 지구의 반지름을 Rm라고 하자. 이때 지구의 지름은 R+R=2R. 둘레는 '지름×π'이기 때문에 밧줄의 길이(지구의 둘레)는 2R×π=2Rπ가 된다.

▶ 밧줄의 길이를 계산하는 방법

적도를 둘러싼 밧줄의 길이

$$2R \times \pi = 2R\pi$$

지상 1m에서의 밧줄 길이

$$(R+1) \times 2 \times \pi = 2R\pi + 2\pi$$

지상에서 밧줄을 1m 띄우면 밧줄이 만드는 원의 반지름은 (R+1)m가 되고, 원의 지름은 (R+1)×2=2R+2가 된다. 따라서 밧줄의 길이(지상 1m의 원의 둘레)는 **(2R+2)×π=2Rπ+2π**가 된다. 즉, 밧줄을 지상에서 1m 띄울 때 필요한 길이는 (2Rπ+2π)-2Rπ=2π(m). π는 약 3.14이기 때문에 **6.3m가 있으면 충분하다.**

15 직선에도 다양한 종류가 있다?
직선과 도형의 개념

도형

그렇구나! 직선은 직선, 반직선, 선분으로 나뉜다.
여러 개의 직선이 서로 만나 도형을 만든다

직선이란 똑바른 선을 말하는데, 수학적으로는 어떻게 정의할까? 기하학의 아버지라 불리는 고대 그리스 수학자 **유클리드**는 저서 『원론』에서 '**선은 폭이 없는 길이이며 선의 끝은 점이다**'라고 정의했다. 즉, 연필이나 펜으로 그린 선은 폭이 있지만 유클리드의 정의에 따르면 선과 점의 폭은 무시하면 된다.

유클리드가 체계화한 '**유클리드 기하학**'에서는 무한으로 곧은 선을 **직선**, 한쪽만 끝이 있는 곧은 선을 **반직선**, 시작점과 끝점이 있고 곧은 선을 **선분**이라고 부른다[그림1]. 같은 평면상에서 서로 만나지 않는 두 개(혹은 그 이상)의 직선을 **평행선**이라고 한다.

평행하지 않은 직선은 반드시 만나게 된다. 직선끼리 만나는 점을 '교점'이라고 하며, 두 직선이 교차하면 네 개의 각을 만들 수 있다. 여기서 만들어진 각에는 몇 가지 법칙이 있다[그림2]. 여러 개의 직선으로 둘러싸인 도형을 **다각형**이라고 한다. 평행하지 않은 세 개의 직선이 만든 다각형은 **삼각형**이라고 한다. 이처럼 직선의 개념으로 다양한 도형이 만들어진다.

▶ 직선, 반직선, 선분의 이미지 [그림1]

직선	반직선	선분
무한으로 곧은 선	한쪽만 끝이 있는 곧은 선	시작점과 끝점이 있는 곧은 선

▶ 평행선과 동위각, 엇각, 맞꼭지각 [그림2]

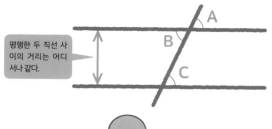

평행한 두 직선 사이의 거리는 어디서나 같다.

- A와 C는 동위각
- B와 C는 엇각
- A와 B는 맞꼭지각(항상 같다)

평행한 두 직선에 직선이 비스듬하게 교차할 때 동위각과 엇각은 같다.

대단해! 수학자

02

유클리드
(기원전 3세기 무렵)

고대 그리스 수학자. 그리스어로 읽으면 '에우클레이데스(Eucleides)'. 『원론』 13권을 썼다. 유클리드의 엄밀한 수학적 증명으로 체계화된 기하학을 유클리드 기하학이라고 부른다.

16 삼각형, 사각형, 원의 특징과 넓이를 구하는 방법은?

도형

그렇구나! 삼각형과 사각형에는 여러 종류가 있지만, 원은 모두 같은 형태이며 지름과 원주의 비율은 일정하다!

직선끼리 서로 만나 만들어지는 **삼각형**이나 **사각형**은 종류가 다양하다. 각각 특징을 살펴보자. 삼각형은 각(내각)과 변의 길이에 따라 정삼각형, 직각삼각형, 이등변삼각형 등으로 분류된다. 사각형은 정사각형, 직사각형, 사다리꼴, 마름모꼴로 나뉜다. 사각형은 대각선을 그으면 두 개의 삼각형으로 나뉘기 때문에 **내각의 합은 360°**가 된다(삼각형의 내각의 합 180°×2). 삼각형은 종류와 관계없이 **밑변×높이÷2**로 넓이를 구하는데, 사각형은 종류에 따라 넓이를 구하는 방법이 다르다 [그림1].

원이란 수학적으로 어떻게 정의될까? 원은 **평면상의 어떤 한 점에서 같은 거리에 있는 점들의 집합이 만드는 도형**으로, 어떤 한 점을 **중심**이라고 한다. 원의 형태를 만드는 곡선(원의 둘레)을 **원주**라고 하고, 원의 중심을 지나면서 원주 위의 두 점을 잇는 직선을 **지름**, 중심에서 원주까지의 직선을 **반지름**이라고 한다[그림2].

참고로 **원주의 지름에 대한 비율**이 '원주율'로, 이 수치는 3.1415…로 소수점 이하가 무한으로 계속되는 **무리수**이기 때문에 **π**(파이)라는 기호로 나타낸다.

삼각형, 사각형, 원의 기본 정보

▶ 삼각형, 사각형의 다양한 종류 [그림1]

삼각형 넓이를 구하는 공식은 모두 밑변×높이÷2

정삼각형	**직각삼각형**	**이등변삼각형**	**직각이등변삼각형**
세 변의 길이가 모두 같다.	한 각이 직각(90°).	두 변의 길이가 같다.	한 각이 직각이고, 두 변의 길이가 같다.

사각형 넓이를 구하는 공식은 종류에 따라 다르다.

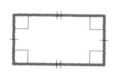

윗변

아랫변

대각선

정사각형	**직사각형**	**사다리꼴**	**마름모꼴**
네 변의 길이가 같고, 네 각이 모두 직각이다.	네 각이 모두 직각이고 대응변의 길이가 같다.	한 쌍의 대응변이 평행이다.	네 변의 길이가 같고 대응변이 평행하다.
한 변×한 변	가로×세로	(윗변+아랫변)× 높이÷2	대각선×대각선÷2

▶ 원의 기본적인 특징과 공식 [그림2]

원주율(π)=3.1415926···

원주=지름×π

원의 넓이=반지름×반지름×π

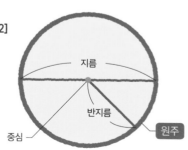

지름

반지름

중심

원주

17 삼각형을 구하는 방법은 언제 발명되었을까?

도형

그렇구나! 고대 이집트와 메소포타미아 사람은
직각삼각형 변의 길이의 비율을 알고 있었다!

고대 이집트에서는 측량기술과 기하학이 발달했다. 그 이유는 매년 봄에 나일강이 범람했기 때문이다. 강이 범람해서 물로 뒤덮인 농지는 누구의 것인지 경계를 알기 어려워서 매년 농지의 구획을 정리해야만 했다.

고대 이집트의 측량기술자는 **승장사**라고 하며, 밧줄을 사용해 길이나 면적을 측정했다. 승장사는 **변의 길이가 3:4:5인 삼각형을 만들면 직각삼각형이 된다는 것을 알았다**[그림1]. 이것으로 직각삼각형과 사각형 등의 넓이를 구하는 방법을 활용해 범람 후 농지를 정확하게 구획할 수 있었다.

또한 **고대 메소포타미아**(현재의 이라크)에서도 수학이 발달했다. 메소포타미아 남부 **바빌로니아**에서는 2차 방정식의 해를 구하는 방법처럼 고도의 계산 방법을 쐐기형 문자로 새긴 점토판이 발견되었다. **플림프톤 322**라고 불리는 점토판에는 '120·119·169' '3456·3367·4825' 등 **직각삼각형이 되는 변의 길이의 비율**이 여러 개 새겨져 있다[그림2].

이처럼 고대부터 높은 수준의 직각삼각형 연구가 진행되었다.

고대부터 연구해 온 직각삼각형

▶ 승장사의 측량 방법 [그림1]

1 밧줄1개에 같은 간격으로 매듭 12개를 짓는다.

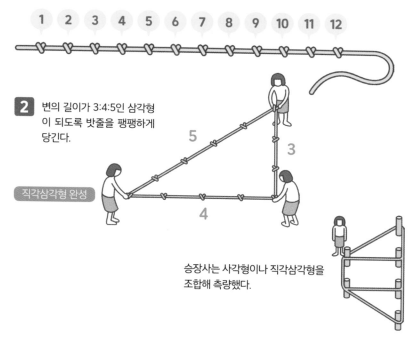

1 2 3 4 5 6 7 8 9 10 11 12

2 변의 길이가 3:4:5인 삼각형
이 되도록 밧줄을 팽팽하게
당긴다.

5

3

직각삼각형 완성

4

승장사는 사각형이나 직각삼각형을
조합해 측량했다.

▶ 플림프톤 322 [그림2]

점토판에 새겨진 쐐기형 문자는 숫자를 나타내
고 직각삼각형 변의 길이의 비율을 나타낸다고
여겼는데, 최근에는 계산 문제라는 설도 제기
되고 있다.

||| <<< ||	<< ||	++|<<	||
||<< ||<<	++<<	||<|		
<< ||| ||+	<< <<	<<|+	||
|||| <<<||	||<<	||| <		
|++|| <<<	|<<+	<< |+		
|<< +	||<	||+	

18

도형

피타고라스의 정리란?
우선 '정리'란 무엇일까?

그렇구나! 피타고라스의 정리는 **직각삼각형과 관련된** 정리. 정리란 **공리와 정의로 도출된 결론**!

피타고라스의 정리는 삼평방 정리라고 불리는 유명한 정리다. 우선 **정리**란 무엇인지 살펴보자.

정리는 수학적으로 '**공리**'와 '**정의**'로 **도출된 결론**을 말한다. 공리란 '평면상의 다른 두 점을 지나는 직선은 오직 한 개만 존재한다'와 같은 '**누구나 이해할 수 있는 대전제**'를 말한다. 정의란 '**용어의 의미를 명확하게 결정한 것**'이다. 예를 들자면, 직각삼각형의 정의는 '하나의 내각이 직각인 삼각형'처럼 말이다. 정의가 참이라는 것을 근거를 나타내고 사실이라고 밝히는 행위를 **증명**이라고 한다. 사실인 것 같지만 아직 증명되지 않은 **명제**(진위의 대상이 되는 문장이나 식)'는 정리가 아니라 **예상**이라고 한다.

'피타고라스의 정리'는 고대 그리스의 수학자 **피타고라스**가 발견한 **직각삼각형과 관련된 정리** 중 하나로, 빗변의 길이를 c, 다른 두 변의 길이를 a, b라고 했을 때, $a^2+b^2=c^2$가 성립한다는 것이다[그림1].

피타고라스는 바닥 타일 무늬를 보고 이 정리를 떠올렸다고 한다. 참고로 피타고라스의 정리는 200가지 이상의 증명 방법이 있다[그림2].

기본적인 정리와 증명

▶ 피타고라스의 정리 [그림1]

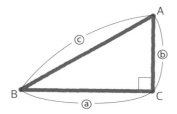

내각C가 90°인 직각삼각형에서 아래와 같은
식이 성립한다는 정리.

$$a^2+b^2=c^2$$

대단해! 수학자 03

피타고라스
(기원전 570 무렵~기원전 496 무렵)

고대 그리스의 수학자. '만물의 근원은
수'라고 주장했으며, 종교·학술 결사 '피
타고라스 교단'을 조직했다.

▶ 피타고라스 정리의 증명 중 하나 [그림2]

아래 그림처럼 네 개의 직각삼각형을 조합해
정사각형을 만든다. 한 변이 a+b인 정사각형
속에 한 변의 길이가 c인 정사각형이 있다.

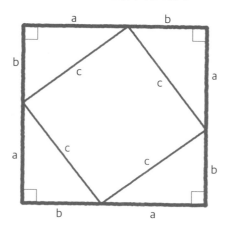

한 변이 a+b인 정사각형의 넓이는,

$$(a+b)\times(a+b)=a^2+2ab+b^2$$

한 변이 c인 정사각형의 넓이와 네 개의 직
각삼각형의 넓이의 합계로 구한다.

$$c^2+(a\times b\div2)\times4=c^2+2ab$$

두 개의 넓이는 같기 때문에 아래와 같은 식
이 된다.

$$a^2+2ab+b^2=c^2+2ab$$
$$a^2+b^2=c^2$$

아르키메데스가 고안한 스토마키온이란?

그렇구나! 여러 가지 형태의 다각형 조각 14개를 조합해 정사각형을 만드는 퍼즐!

고대 그리스 수학자 **아르키메데스**는 수학뿐만이 아니라 물리학, 천문학 등 다양한 분야에 정통했다. 아르키메데스가 확립한 이론은 19세기 수학 개념을 이끌었다. 이 수학 역사상 엄청난 천재가 고안한 퍼즐이 '스토마키온'이다.

스토마키온은 아르키메데스의 저서 중 현재 유일하게 남은 사본에서 해독했다. 스토마키온은 '복통'이라고 해석할 수 있는데, '배가 아플 정도로 어려운 퍼즐'이라는 의미에서 이렇게 이름 붙였다고 한다. 스토마키온은 12×12칸의 정사각형을 잘라 만들어 낸 **다양한 형태의 다각형 14개로** 구성되어 있다[오른쪽 그림]. 아르키메데스는 14개의 다각형을 재배열해 원래의 정사각형을 만드는 방법이 몇 가지 있다는 것을 시험해 보려고 했다. 고대 수학에는 **조합론**은 없었기 때문에, 아르키메데스는 이 분야에서도 선구자라 할 수 있다.

이 문제의 해답은 아르키메데스가 출제한 뒤 약 2200년 후인 2003년에서야 나왔다. 컴퓨터를 사용해 **17152가지** 답이 있다는 사실을 알아냈다. 그중 **대칭인 것을 제외하면 536가지**가 된다. 스토마키온에 도전해 보면 아르키메데스의 위대함을 느낄 수 있을지도 모른다.

아르키메데스의 퍼즐에 도전!

▶ 아르키메데스의 스토마키온

12×12칸의 정사각형에서 만들어 낸 14개의 조각으로 구성되어 있다.

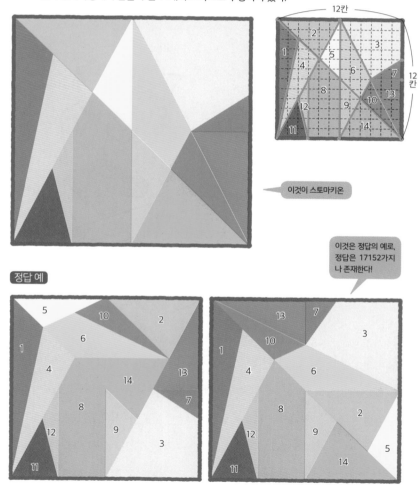

이것이 스토마키온

이것은 정답의 예로,
정답은 17152가지
나 존재한다!

정답 예

Q 지도를 구분해서 칠하려면 최소 몇 가지 색이 필요할까?

| 2색 | or | 3색 | or | 4색 | or | 5색 |

우리나라 지도나 세계지도를 행정
구역이나 국가별로 나누어 색을 칠
한다고 하자. 이때 인접한 지역은
다른 색으로 칠해야만 구별이 잘
된다. 그렇다면 지도에 상관없이 인
접 지역을 구분해서 칠하려면 최소
몇 가지 색이 필요할까?

'지도를 구분해서 칠하기 위해서는 최소 몇 가지 색이 필요할까?' 실은 이 문제
는 옛날부터 지도 제작자의 머리를 싸매게 했다. 수학 세계에서도 1852년 영국
의 학생 프란시스 거스리가 영국의 도시가 나뉜 지도를 나누어 칠할 때 '네 가지
색이 있으면 충분하지 않을까?' 하고 예상했던 것을 계기로 **4색 문제**라는 이름이
붙기도 했다. 지도를 구별해서 칠하는 법칙은 '**경계선을 접하는 다른 지역은 다**

른 색으로 하고, 점 정도를 공유하는 지역은 같은 색으로 해도 된다'다.

이제 '4색 문제'에 대해 생각해 보자. 예를 들어, 어떤 지역이 몇 개의 지역과 접해 있을 때, 접하는 지역의 수가 짝수라면 3색으로 칠할 수 있다. 하지만 접하는 지역의 수가 홀수라면 최소 4색이 필요하다.

▷ 접하는 지역이 홀수·짝수인 경우 칠하는 방법

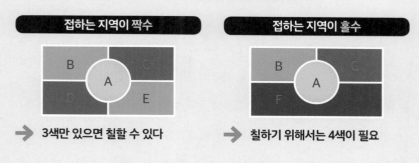

접하는 지역이 짝수

➡ 3색만 있으면 칠할 수 있다

접하는 지역이 홀수

➡ 칠하기 위해서는 4색이 필요

단, 어떤 지역이라도 4색이 있으면 칠할 수 있다는 것을, 수학적으로 근거를 제시하고 밝히기는 어렵다. 여러 명의 수학자가 4색 문제를 증명하는 데 도전했지만 계속해서 실패했다. 미해결 문제로 남은 4색 문제는 1976년 수학자 케네스 아펠과 볼프강 하켄이 컴퓨터를 이용해 약 2000개의 패턴을 찾아내 마침내 증명했다. 4색 문제는 **4색 정리**(평면상에 어떤 지도라도 이웃하는 지역을 다른 색으로 칠하기 위해서는 4색만 있으면 충분)로 마무리되었다.

즉, 답은 '4색'이다. 단, 컴퓨터를 사용한 증명은 수학적이지 않다며 낙담한 수학자도 많았다.

20 꿀벌의 집은 왜 정육각형 모양일까?

도형

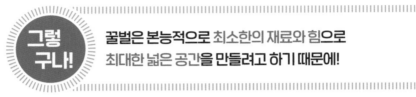

그렇구나! 꿀벌은 본능적으로 최소한의 재료와 힘으로 최대한 넓은 공간을 만들려고 하기 때문에!

정삼각형이나 정사각형 등, **모든 변의 길이와 내각의 크기가 같은 다각형을 '정다각형'**이라고 한다. 자연계에 있는 정다각형에는 **꿀벌의 집 모양인 정육각형**이 잘 알려졌다. 그렇다면 왜, 꿀벌은 집을 정육각형 모양으로 지을까?

바닥에 타일을 깔듯 평면에 정다각형을 틈 없이 꽉 채우려면 **정삼각형, 정사각형, 정육각형** 이 세 종류만 사용해야 한다. 평면을 꽉 채우기 위해서는 정다각형의 내각을 모두 합쳐 360°가 되어야 하기 때문이다[그림1]. 또한 1㎠를 만드는 데 필요한 둘레는 정삼각형은 약 4.5㎝, 정사각형은 4㎝이지만, 정육각형은 약 3.72㎝다. 즉, 세 종류 중에서 **가장 짧은 길이로 넓은 공간을 만들어 내는 것은 정육각형**이다.

꿀벌의 집 재료는 꿀벌이 분비하는 밀랍인데, 밀랍은 분비량이 적어서 집을 만드는 작업은 매우 힘들다. 꿀벌은 최소한의 재료와 노동으로 가능한 넓은 공간을 만들기 위해서 집의 형태를 정육각형으로 만든 것이다.

정육각형이 틈 없이 늘어선 구조를 '벌집 구조'라고 부르며 적은 재료로 강도를 유지할 수 있기 때문에 많은 제품에 응용된다[그림2].

평면을 채우는 정다각형

▶ 평면에 틈 없이 늘어놓을 수 있는 정다각형 [그림1]

정삼각형

60° 60° 60° 60° 60° 60°

$60° \times 6 = 360°$

정사각형

90° 90° 90° 90°

$90° \times 4 = 360°$

정육각형

120° 120° 120°

$120° \times 3 = 360°$

정육각형(내각의 크기가 120°)보다 큰 내각으로 합계 360°를 만들기 위해서는 180°(×2)밖에 없지만, 내각이 180°인 (직선) 정다각형은 존재하지 않는다.

▶ 벌집 구조를 이용한 제품 [그림2]

스마트폰의 충격 방지 케이스 안쪽 면

축구 골대의 그물

21 홀 케이크를 5등분하는 방법은?

도형

둥근 케이크는 원의 중심각을 5등분하면 OK!
사각형이라면 5등분 난이도는 올라간다!

둥근 홀 케이크를 사람 수대로 나눈다. 상당히 어려운 작업이지만 원의 성질을 알면 최적으로 나누는 방법이 있다.

원은 **어디서나 중심에서 원주까지의 거리(반지름)가 같다.** 이 성질을 이용한 것이 맨홀이다. 맨홀 뚜껑은 원형이 일반적. 원형이라면 깨지지 않는 한 아무리 기울여도 구멍에 절대 빠지지 않는다. 만약 사각형이라면 가로와 세로의 길이가 대각선보다 짧아서 사각형 뚜껑을 비스듬하게 기울이면 빠져 버린다[그림1].

그리고 '원의 반경은 모두 같다'라는 것은 **원의 중심각 360°를 균등하게 나누면 넓이도 균등하게 나누어진다**는 의미다. 예를 들어, 원형의 홀 케이크를 3등분하고 싶을 때, 중심각을 3등분(120°씩)으로 나누면 되고, 5등분하고 싶을 때는 중심각을 5등분(72°씩)으로 나누면 된다[그림2 왼쪽].

참고로 사각형 케이크를 5등분하는 작업은 난이도가 매우 높다. 예를 들어, 정사각형 홀 케이크를 케이크의 중심(대각선의 교점)을 통과하는 선으로 5등분 할 때는 전체의 $\frac{1}{5}$ 넓이의 삼각형을 자르고 남은 부분을 4등분하면 되는데, 모두 같은 모양이 되지는 않는다[그림2 오른쪽].

원은 넓이를 똑같이 나누기 쉽다!

▶ 맨홀 뚜껑이 원형인 이유 [그림1]

사각형 뚜껑은 대각 선이 변의 길이보다 도 길기 때문에, 비스 듬하게 놓았을 때 구 멍에 빠져 버린다.

원형 뚜껑이라 어떤 각도로 떨어져도 구 멍 가장자리에 걸리 게 된다.

▶ 원형·정사각형 케이크를 5등분하는 방법 [그림2]

원형 원형의 종이에 중심각 72°로 5등분한 선을 그리고 선을 따 라 자른다.

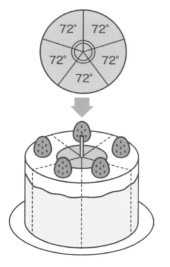

정사각형 한 변의 길이가 10cm라면, 정사각형의 넓이는 100cm². 자른 넓이가 20cm²(100 cm²÷5)가 되도록 한다.

넓이의 합은 100cm² 이 된다

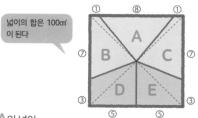

A의 넓이

$8×(10÷2)÷2=20cm²$

B, C의 넓이

$1×(10÷2)÷2+7×(10÷2)÷2=20cm²$

D, E의 넓이

$3×(10÷2)÷2+5×(10÷2)÷2=20cm²$

22 원주율은 누가, 어떻게 발견해 계산했을까?

도형

그렇구나! 고대인이 마차 바퀴를 보고 원주율을 발견. 아르키메데스가 처음으로 수학적으로 계산을 했다!

원주율이란 원주가 지름의 몇 배가 되는지를 나타내는 값이다. 3.1415…라는 소수점 이하가 무한으로 계속되는 **무리수**다. 그래서 원주율은 π(파이)라는 기호로 나타낸다. 또한, π의 값은 원의 크기와 관계없이 일정하다. π처럼 시간이나 조건에 따라 변하지 않는 수를 '정수'라고 한다.

인류는 고대부터 원주율의 값을 구했다. 고대 사람들은 마차 바퀴가 한 바퀴 돌 때, 마차가 바퀴 지름의 약 3배 진행하는 것을 보고 원주율을 깨달았다고 한다. 수학 역사상 원주율을 수학적으로 처음 계산한 사람은 **아르키메데스**다. 아르키메데스는 **실진법**이라고 하는 계산 방법으로 거의 정확하게 원주율을 산출했다. 실진법이란 원의 내접, 외접하는 정다각형을 이용해 원주율의 범위를 구하는 계산이다[오른쪽 그림]. 아르키메데스는 내접, 외접하는 정다각형 중 원형과 비슷한 **정96각형**을 이용해 내접하는 정96각형의 둘레는 $\frac{223}{71}$, 외접하는 정96각형의 둘레는 $\frac{22}{7}$ 라고 구했다. 이것으로 π는 $\frac{223}{71}$ (3.140845…)**보다 크고** $\frac{22}{7}$ (3.142857…)**보다 작다**는 것을 알게 되었다.

현재는 컴퓨터를 이용해 원주율의 약 31조4000억 자리까지 계산했다고 한다.

▶ 원에 접하는 정사각형, 정육각형으로 생각한 실진법

실진법에서는 원의 내접, 외접하는 정다각형으로 원의 둘레를 구한다.

정사각형의 경우

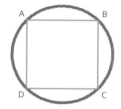

정사각형의 변 AB 의 길이는
원의 호 AB 보다 짧다.

➡ 원에 내접하는 정사각형의 둘레는 **원주보다 작다**는 것을 알 수 있다.

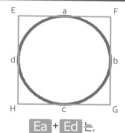

Ea + Ed 는,
원의 호 ad 보다 길다.

➡ 원에 외접하는 정사각형의 둘레는 **원주보다 크다**는 것을 알 수 있다.

정육각형의 경우

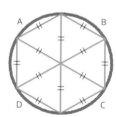

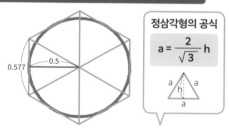

정삼각형의 공식

$$a = \frac{2}{\sqrt{3}} h$$

지름 1인 원에 내접하는 정육각형은 정삼각형 6개로 나눌 수 있기 때문에, 정육각형의 둘레는 3이 된다. 원의 둘레는 3보다 크다는 것을 알 수 있다.

원의 반지름(0.5)은, 정삼각형의 높이가 된다. **정삼각형의 공식**으로 구하면 한 변의 길이는 2÷(1.732…)×$\frac{1}{2}$ =0.577…. 이것을 6배 하면 3.464…가 된다.

➡ **원주율은 3보다 크고 3.464보다 작다!**

23 옛날 사람은 지구 둘레를 어떻게 계산했을까?

도형

그렇구나! 도시 두 곳의 **태양의 고도차**와, 도시 간 **거리를 사용해 계산했다!**

소수를 찾아내는 방법을 고안한 고대 그리스 수학자 **에라토스테네스**는 기원전 3세기 무렵, 지구 둘레를 거의 정확하게 산출해냈다. 어떻게 계산했을까?

그리스인은 태양과 달을 관찰해 **지구가 구체**라는 것을 알았다. 에라토스테네스는 1년 중 가장 태양이 높이 뜨는 하지 정오에 시에네라는 도시의 깊은 우물 밑바닥에 태양 빛이 반사되는 것을 발견했다. 이것은 **태양이 지면 한가운데에 떠 있다**는 의미다. 같은 날 정오, 시에네 북부 도시 알렉산드리아에서는 태양이 한가운데 떠 있지 않았다. 에라토스테네스는 막대기 그림자로 시에네와 알렉산드리아의 **태양 고도 차가 7.2°**라는 것을 알아냈다[그림1].

360°÷7.2°=50에서 에라토스테네스는 양 도시 간 거리 5000스타디아(당시 거리 단위)를 50배 해 지구 둘레는 25만 스타디아라는 것을 알아냈다[그림2].

1스타디아는 약 0.185㎞이기 때문에, 25만 배 하면 약 **46250㎞**가 된다. 실제 지구의 둘레는 약 4만㎞이기 때문에, 상당히 근접한 수치라고 할 수 있다. 고대에도 수학으로 지구의 크기를 알 수 있었다.

▶ 하지 때 태양 고도 [그림1]

시에네에서는 생기지 않던 그림자가 알렉산드리아에서는 막대기를 세웠더니 생겼다. 이 차이를 이용해 태양 고도의 차가 7.2°라고 계산했다.

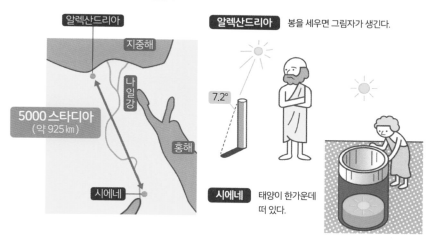

알렉산드리아

지중해

나일강

5000 스타디아
(약 925 km)

홍해

시에네

알렉산드리아 봉을 세우면 그림자가 생긴다.

7.2°

시에네 태양이 한가운데 떠 있다.

▶ 태양 고도의 차가 발생하는 이유 [그림2]

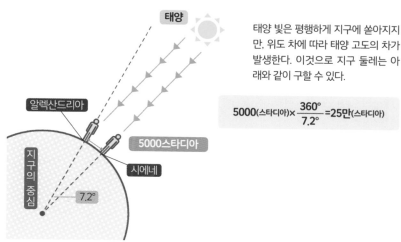

태양

태양 빛은 평행하게 지구에 쏟아지지만, 위도 차에 따라 태양 고도의 차가 발생한다. 이것으로 지구 둘레는 아래와 같이 구할 수 있다.

$$5000(\text{스타디아}) \times \frac{360°}{7.2°} = 25\text{만}(\text{스타디아})$$

알렉산드리아

5000스타디아

시에네

지구의 중심

7.2°

24 초승달 모양의 넓이 계산? '히포크라테스의 정리'

도형

그렇구나! 원주율을 사용하지 않고 곡선으로 둘러싸인 특정한 초승달 모양의 넓이를 정확하게 구할 수 있다!

곡선으로 둘러싸인 도형의 넓이는 어떻게 계산하면 좋을까? 고대 그리스 수학자는 영지의 면적을 측정하기 위해 '**원과 같은 넓이를 가진 정사각형을 자나 컴퍼스를 사용해 그릴 수 있을까?**'라는 **원적 문제**에 몰두했다[그림1].

당시 원의 넓이를 '반지름×반지름×π'로 구한다고는 알았지만 π는 3.141…이라는 무리수이기 때문에, 대략적인 수치만 구할 수 있었다. 이런 상황에서 원적 문제를 계속 연구해 온 수학자 **히포크라테스**는 **특정한 초승달 모양의 넓이는 원주율을 사용하지 않고 넓이를 정확하게 구하는 방법**이 있다는 것을 발견했다. 이것이 **히포크라테스의 정리**다.

히포크라테스의 정리는 직각삼각형 ABC에서 변AB, AC, BC를 반지름으로 하는 반원을 모두 그렸을 때, 두 개의 초승달 모양(S_1, S_2)의 넓이의 합은 직각삼각형의 넓이(S_3)와 같다는 정리다[그림2]. 히포크라테스의 정리는 **피타고라스의 정리**를 사용해 증명할 수 있다.

참고로 원적 문제는 1882년에 π가 **초월수**(모든 대수방정식의 해가 되지 않는 수)인 것이 증명되어 작도는 불가능하다고 수학적으로 증명되었다.

원적 문제에서 히포크라테스의 정리로

▶ 원적 문제 [그림1]

주어진 원과 넓이가 같은 정사각형을 그릴 수 있을까?

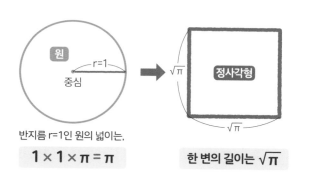

원형의 토지를 정확하게 측정하고파…

반지름 r=1인 원의 넓이는,

$$1 \times 1 \times \pi = \pi$$

한 변의 길이는 $\sqrt{\pi}$

▶ 히포크라테스의 정리와 증명 [그림2]

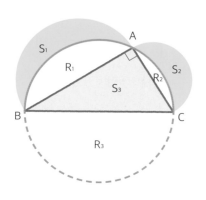

직각삼각형 **ABC** 의 넓이 S_3 은, 초승달 모양인 $S_1 + S_2$ 의 넓이와 같다.

증명 피타고라스의 정리에 따라
$$AB^2 + AC^2 = BC^2$$

반원의 넓이는 (지름 $\times \frac{1}{2}$)$^2 \times \pi \times \frac{1}{2}$ 이기 때문에,
$$(S_1 + R_1) + (S_2 + R_2) = R_3$$

반원 R_3은 $R_1 + R_2 + S_3$와 넓이가 같기 때문에
$$S_1 + R_1 + S_2 + R_2 = R_1 + R_2 + S_3$$

따라서 $S_1 + S_2 = S_3$ 가 된다.

25

수

무한으로 존재한다?
소수는 어떤 수?

 소수란 자기 자신과 1로만 나눌 수 있는 자연수를 말하며 무한으로 존재한다!

나눗셈할 때 4는 2로 나뉘고 6은 3으로 나뉜다. 이처럼 어떤 정수를 나눌 수 있는 정수를 '약수'라고 한다. 하지만 2나 3은 더는 나뉘지 않는다. 2나 3처럼 자기 **자신과 1로만 나눌 수 있는 수를 '소수'**라고 한다. 2를 제외한 소수는 모두 홀수이며 1은 소수에 포함되지 않는다. **2 이상의 자연수는 '소수'냐, 1과 자기 자신 이외의 약수가 있는 '합성수'냐로 나눌 수 있고 무수하게 존재한다.** 홀수인 소수는 n을 자연수라고 하면 '4n+1' 혹은 '4n-1'로 나타낼 수 있는데, 이 수식으로 나타내는 수가 모두 소수인 것은 아니다. 또한 '4n+1'으로 나타내는 소수는 $13=2^2+3^2$처럼 거듭제곱 두 개의 합으로 나타낼 수 있다는 신기한 성질이 있다.

고대 그리스 수학자 **에라토스테네스**는 소수를 찾아내는 방법을 고안했다. 예를 들면, 1~100까지 중에 1부터 순서대로 칸에 수를 쓰고 2의 배수, 3의 배수 순으로 작은 소수부터 순서대로 선을 그으면 선이 그어지지 않은 수가 소수가 된다. 이 방법은 **에라토스테네스의 체**라고 부른다[오른쪽 그림]. 참고로 1~100까지 중에 소수는 25개 있고, 1~1000까지 중에는 168개, 1~10000까지 중에는 1229개가 존재한다.

배수로 소수를 찾아내는 방법

▶ 에라토스테네스의 체

1 가장 작은 소수 2와 2의 배수를 지운다.

1	2	3	4	5	6	7	8	9	10
11	12	13	14	15	16	17	18	19	20
21	22	23	24	25	26	27	28	29	30
31	32	33	34	35	36	37	38	39	40
41	42	43	44	45	46	47	48	49	50
51	52	53	54	55	56	57	58	59	60
61	62	63	64	65	66	67	68	69	70
71	72	73	74	75	76	77	78	79	80
81	82	83	84	85	86	87	88	89	90
91	92	93	94	95	96	97	98	99	100

2 다음으로 작은 소수 3과 3의 배수를 지운다.

1	2	3	4	5	6	7	8	9	10
11	12	13	14	15	16	17	18	19	20
21	22	23	24	25	26	27	28	29	30
31	32	33	34	35	36	37	38	39	40
41	42	43	44	45	46	47	48	49	50
51	52	53	54	55	56	57	58	59	60
61	62	63	64	65	66	67	68	69	70
71	72	73	74	75	76	77	78	79	80
81	82	83	84	85	86	87	88	89	90
91	92	93	94	95	96	97	98	99	100

3 다음으로 작은 소수 5와 5의 배수를 지운다.

1	2	3	4	5	6	7	8	9	10
11	12	13	14	15	16	17	18	19	20
21	22	23	24	25	26	27	28	29	30
31	32	33	34	35	36	37	38	39	40
41	42	43	44	45	46	47	48	49	50
51	52	53	54	55	56	57	58	59	60
61	62	63	64	65	66	67	68	69	70
71	72	73	74	75	76	77	78	79	80
81	82	83	84	85	86	87	88	89	90
91	92	93	94	95	96	97	98	99	100

4 다음으로 작은 소수 7과 7의 배수를 지운다.

1	2	3	4	5	6	7	8	9	10
11	12	13	14	15	16	17	18	19	20
21	22	23	24	25	26	27	28	29	30
31	32	33	34	35	36	37	38	39	40
41	42	43	44	45	46	47	48	49	50
51	52	53	54	55	56	57	58	59	60
61	62	63	64	65	66	67	68	69	70
71	72	73	74	75	76	77	78	79	80
81	82	83	84	85	86	87	88	89	90
91	92	93	94	95	96	97	98	99	100

대단해! 수학자 04

에라토스테네스
(기원전 275 무렵~기원전 194 무렵)

고대 그리스의 수학자. 만능이며 박학다식한 학자로 알려져 있다. 지구를 구체라고 생각하고 계산해 지구의 둘레를 약 4만㎞라고 도출했다.

다음으로 작은 소수 '11'로 지워지는 것은 '2, 3, 5, 7'의 배수를 제외하면 121(11×11)이 된다. 121은 100보다도 크기 때문에 1~100까지의 소수는 **4**번째 작업 후 남아 있는 수라는 것을 알 수 있다.

26 방대한 자릿수의 소수를 구하는 공식이 존재할까?

수

그렇구나! 확실한 공식은 발견하지 못했지만, '메르센 소수'라면 어느 정도 알 수 있다!

에라토스테네스의 체로는 정해진 범위의 소수를 찾을 수는 있지만, 수만, 수억이라는 커다란 수 범위에서 소수를 찾기는 어렵다. 그렇다면 **소수를 확실하게 찾는 공식은 존재할까?** 실은 수학 역사상 몇 명의 수학자가 연구했지만 누구도 발견하지 못했다[그림1].

1644년 프랑스의 수학자 **메르센**은 2의 거듭제곱에서 1을 빼면 **소수가 되는 경우가 있다**는 것을 발견하고 '2^n-1로 표현하는 수(메르센 수) 중 소수는, n이 257 이하의 소수라면 n이 2, 3, 5, 7, 13, 17, 19, 31, 67, 127, 257일 때뿐이다'라고 예상했다. 이 식으로 구한 소수를 **메르센 소수**라고 한다[그림2]. 하지만 메르센의 예상은 'n이 67, 257'인 경우 틀렸고, 이후 연구에서 'n이 61, 89, 107'인 경우 메르센 소수라는 것을 알아냈다.

20세기가 되자 n이 257보다 큰 메르센 소수도 발견되었다. 현재는 **메르센 수가 소수인지 아닌지를 비교적 간단하게 판정하는 방법**을 찾았다. 2018년에 발견한 51번째 메르센 소수는 $2^{82589933}-1$로, 무려 2486만 자릿수가 넘는다.

거대한 소수를 찾는 수식

▶ 소수를 찾는 수식은 있을까? [그림1]

소수는 불규칙적으로 보이는데 어떤 규칙을 따르는지 안다면 수식화할 수 있다. 하지만 수학 역사상 지금까지 몇 명의 천재가 소수를 확실하게 찾는 수식을 연구했지만 현재도 발견하지 못했다.

$$? \times ? \div ? \cdots = 소수$$

▶ 메르센 소수 [그림2]

2018년에 51번째 메르센 소수가 발견되었다.

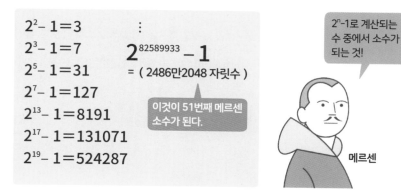

$2^2 - 1 = 3$

$2^3 - 1 = 7$

$2^5 - 1 = 31$

$2^7 - 1 = 127$

$2^{13} - 1 = 8191$

$2^{17} - 1 = 131071$

$2^{19} - 1 = 524287$

$$2^{82589933} - 1$$
$$= (2486만2048 \text{ 자릿수})$$

이것이 51번째 메르센 소수가 된다.

$2^n - 1$로 계산되는 수 중에서 소수가 되는 것!

메르센

27
수

오일러? 리만?
소수에 도전한 수학자

그렇구나! 소수의 분포에는 규칙성이 있는 듯하지만
지금까지 누구도 수식을 발견하지 못했다!

왜 수학자들은 소수를 중요하게 여길까? '소수는 더 나눌 수 없는 기초적인 수'이기 때문에 만약 규칙성을 발견할 수 있다면, **대자연이나 우주를 지배하는 법칙에** 가까워지지 않을까 하는 생각에서다. 하지만 소수는 규칙성이 보이지 않는다.

소수의 수수께끼에 제일 처음 다가간 사람은 18세기 스위스의 수학자 **오일러**다. 오일러는 소수만을 사용한 공식에서 **소수와 원주율(π)이 밀접한 관계가 있다는 것을 발견했다**[그림1].

19세기 독일의 수학자 **리만**은 오일러가 연구한 **제타 함수**라고 불리는 수열을 발전시켜, 무한으로 존재하는 소수의 분포에 규칙성이 있다는 것을 예측했다. 이것이 **리만 가설**이다[그림2]. 리만 가설은 **수학 역사상 처음으로 소수에 규칙성이 있다고 엄밀한 수학적 문제로 나타낸 것**이다. 이 가설이 증명된다면 소수의 수수께끼에 가까워지게 된다.

하지만 리만 가설은 너무 난해해서 리만 자신도 증명하지 못했고, 이후 몇 명의 천재 수학자가 리만 가설을 증명하기 위해 도전했지만 실패했다. 리만 가설은 현재도 수학 역사상 최대의 난제 중 하나로 꼽힌다.

소수의 수수께끼에 도전한 오일러와 리만

 오일러의 소수와 관련된 수식 [그림1]

$$\frac{2^2}{2^2-1} \times \frac{3^2}{3^2-1} \times \frac{5^2}{5^2-1} \times \frac{7^2}{7^2-1} \times \frac{11^2}{11^2-1} \times \frac{17^2}{17^2-1} \cdots = \frac{\pi^2}{6}$$

➡ 소수만을 사용한 분수를 계속 곱하면 **원주율 π**가 나타난다!

 제타 함수(ζ, 함수)와 리만 가설 [그림2]

리만은 오일러가 연구한 제타 함수를 발전시켜 소수의 분포에 규칙성이 있다는 '리만 가설'을 주장했다.

$$\zeta(s) = \frac{1}{1^s} + \frac{1}{2^s} + \frac{1}{3^s} + \frac{1}{4^s} + \frac{1}{5^s} + \frac{1}{6^s} \cdots$$

s=2를 대입하면 $\frac{\pi^2}{6}$ 가 나타난다!

$$\zeta(2) = \frac{1}{1^2} + \frac{1}{2^2} + \frac{1}{3^2} + \frac{1}{4^2} + \frac{1}{5^2} + \frac{1}{6^2} \cdots = \frac{\pi^2}{6}$$

이 제타 함수로 리만은 예측

리만 가설

제타 함수의 자명하지 않은 제로점

〔 ζ(s)=0이 되는 s 〕

는 모두 일직선상에 있어야 한다

이 가설을 증명할 수 있다면, 소수가 어떻게 분포하는지 알 수 있다.

대단해! 수학자 05

베른하르트 리만
(1826~1866)

독일의 수학자. 선구적인 연구로 20세기 해석학과 기하학을 발전시켰다.

28 찾기 힘든 소수, 소수는 어디에 사용할까?

그렇구나! 소수를 곱한 수를 소인수분해하기는 거의 불가능하다. 이 성질을 인터넷 암호에 사용한다!

찾아내기 힘든 소수인데 찾아내면 어딘가에 사용할 곳이 있을까? 소수에는 **소인수분해**라는 계산이 있다. 어떤 자연수(양의 정수)를 소수로 나누며 소수의 곱셈식으로 나타낸 계산을 말한다. 예를 들어, 30을 소인수분해하면 '2×3×5'라고 나타낸다.

소인수분해는 두 자리나 세 자릿수라면 간단하게 할 수 있지만, 몇 십 자리가 되면 매우 어렵다. 또한 그 수를 다른 누군가가 소인수분해한다고 하면 2부터 순서대로 나눌 수 있는 소수를 찾을 수밖에 없기 때문에 시간이 매우 오래 걸린다. 즉, **소수와 소수를 곱해 커다란 수를 만들면 그 수를 제3자가 소인수분해하기란 극히 어렵다**고 할 수 있다.

이 성질을 이용한 것이 **RSA암호**다[오른쪽 그림]. RSA암호는 메일이나 인터넷 쇼핑에서 사용된다. 예를 들어, 카드 번호를 상대방에게 전송할 때 **수신자가 공개된 소수의 곱(곱한 수)을 사용해 암호화**한다. 수신자는 암호를 받으면 알려지지 않은 **소수의 조합**을 사용해 복원한다. 만약 제3자에게 암호를 들킨다 해도 소수의 조합을 모르면 컴퓨터를 사용한다 하더라도 암호를 풀기는 거의 불가능하다.

소수의 곱을 이용한 암호

▶ RSA암호의 구조

예 송신자 A 가 수신자 B 에게 카드 번호를 전송하는 경우

 수신자 B 는 소수의 곱을 공개한다. 이 숫자는 공개키라고 부른다(실제는 방대한 자릿수의 공개키가 사용되지만, 알기 쉽게 설명하기 위해 공개키를 '221'로 한다).

송신자 A
공개키 '221'

 송신자 A 는 공개키를 사용해 카드 번호를 암호화하고 수신자 B 에게 보낸다.

암호화된 카드 번호를 송신

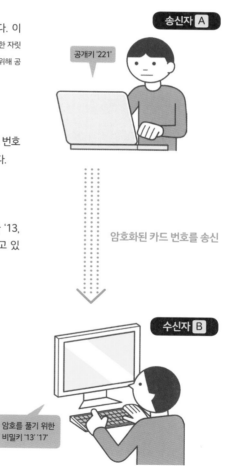 수신자 B 는 '221'을 소인수분해한 '13, 17'이라는 비밀키(소수의 조합)를 가지고 있고, 이것을 사용해 암호를 복원한다.

RSA암호의 포인트

비밀키를 수신자만 갖고 있기 때문에 키를 주고받지 않아도 암호화가 가능하다.

수신자 B

암호를 풀기 위한 비밀키 '13' '17'

엉뚱한 에피소드를 남긴 고대 최고의 과학자

아르키메데스
(기원전 287?~기원전 212)

아르키메데스는 고대 그리스 수학자로 물리학과 천문학 등 다양한 과학 분야에 능통한 천재다. 시칠리아섬의 도시국가 시라쿠사 출신으로 목욕을 하다가 '부력의 법칙(아르키메데스의 원리)'을 깨달았을 때, 너무 기쁜 나머지 '유레카(알아냈다)!'라고 외치면서 알몸 상태로 거리로 뛰쳐나갔다고 한다. '지렛대의 원리'를 발견했을 때는 '나에게 긴 지렛대와 서 있을 장소만 준다면 지구도 움직일 수 있다'라고 말했을 정도로 조금 엉뚱한 에피소드가 남아 있다.

수학 분야에서는 실진법을 이용해 원주율은 '3.140…보다 크고, 3.142…보다 작다'는 것을 구했다. 또한 포물선을 직선으로 둘러싸 면적을 구해 적분의 출발점을 만들었다. 나아가 원기둥의 부피와 표면적을 구하는 방법을 발견하고 대수나선을 정의했다.

제2차 포에니 전쟁에서 시라쿠사가 함락되었을 때, 로마 병사가 아르키메데스의 집에 들어왔다. 하지만 아르키메데스는 자신의 연구에 너무 몰두해 병사를 무시했고, 분노한 병사에게 죽임을 당했다고 한다.

수학계 최고의 상인 필즈상 메달에 아르키메데스의 초상이 그려져 있다.

제 **2** 장

그렇구나! 하고 알게 되는
수학의 구조

다면체와 포물선, 나선, 황금비처럼 우리 생활에 친숙한 물건에도 수학의 비밀이 숨겨져 있다. 수학 공식도 다루면서 친숙한 입체, 곡선의 구조를 이해해 보자.

29

도형

플라톤 다면체란
어떤 입체일까?

그렇
구나! 모든 면이 같은 형태인 **다각형 입체.**
5종류밖에 존재하지 않는 **신비한 도형!**

도형 중에는 **플라톤 다면체**라는 도형이 있다. 과연 어떤 도형일까? 우선 입체의 종류를 알아보자. 삼각형이나 정사각형과 같은 **평면도형**에 비해 '가로, 세로, 높이'가 있는 3차원 도형을 **공간도형**이라고 부른다. 이런 공간도형 중에서 **여러 개의 평면이나 곡면으로 둘러싸인 도형을 '입체'라고 한다.**

잘 알려진 입체에는 직육면체, 구, 원뿔, 사각뿔, 원기둥 등이 있다. **입체 중에서 평면으로만 둘러싸인 것을 '다면체'**라고 하고 모든 면이 합동(겹칠 수 있는 동일한 도형)인 정다각형으로 구성된 볼록 다면체(움푹한 곳이나 구멍이 없는 다면체)를 '정다면체'라고 한다. 정다면체에는 **정사면체, 정육면체, 정팔면체, 정십이면체, 정이십면체, 총 5종류가 있다**[오른쪽 그림].

고대 그리스에서는 정다면체를 연구했다. 기원전 350년 무렵 수학에도 정통했던 철학자 **플라톤**은 5종류의 정다면체에 아름다움과 신비함을 느끼고, 각각이 사대원소(흙, 공기, 물, 불)와 우주, 신과 관련 있다고 결론지었다. 이런 이유로 정다면체는 **플라톤 다면체**라고도 불린다. 참고로 기원전 300년 무렵 수학자 **유클리드**가 정다면체는 5종류만 존재한다고 증명했다.

정다면체는 5종류밖에 없다

▶ 5종류의 정다면체

정사면체

정삼각형 4개로 이루어진 다면체

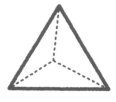

변의 수 6 꼭짓점의 수 4

정육면체

정사각형 6개로 이루어진 다면체

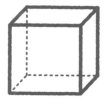

변의 수 12 꼭짓점의 수 8

정팔면체

정삼각형 8개로 이루어진 다면체

변의 수 12 꼭짓점의 수 6

정십이면체

정오각형 12개로 이루어진 다면체

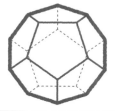

변의 수 30 꼭짓점의 수 20

정이십면체

정삼각형 20개로 이루어진 다면체

변의 수 30 꼭짓점의 수 12

대단해! 수학자

06

플라톤
(기원전 427~기원전 347)

고대 그리스의 철학자이자 수학자. '플라토닉 러브(정신적 사랑)'로 알려졌다. 수학적 지식을 자신만의 철학에 융합시켰다.

30 축구공은 왜 그런 모양으로 만들었을까?

도형

그렇구나! 평면이지만 공기를 넣으면 거의 구형에 가까워지는 형태이며, 잘 변형되지 않고 힘이 잘 전달되기 때문에!

현재는 컬러풀한 축구공이 주류이지만 예전에만 해도 흰색과 검은색으로 이루어진 공이 대부분이었다. 축구공은 **검은색의 정오각형 12개, 흰색의 정육각형 20개, 총 정다각형 32개**로 이루어져 있다. 왜 이와 같은 형태가 되었을까?

모든 면이 정다각형이며 꼭짓점의 형태가 모두 같은 다면체 중 정다면체 이외의 것을 **반정다면체**라고 한다. 반정다면체에는 **육팔면체, 십이이십면체, 다듬은 육팔면체** 등 13종류가 존재한다. 고대 그리스의 수학자 아르키메데스가 발견했다고 해 **아르키메데스 다면체**라고도 불린다[그림1]. 축구공 모양은 반정다면체 중 하나로, **깎은 정이십면체**라고 부른다. **정이십면체**의 각 꼭짓점을 변의 길이의 $\frac{1}{3}$이 되는 부분에서 자른 입체이기 때문에 이처럼 부르게 되었다[그림2].

정이십면체의 꼭짓점 수는 12개라서 꼭짓점을 잘라 생긴 정오각형도 12개다. 정오각형의 꼭짓점은 5개이므로 깎은 정이십면체의 꼭짓점은 12×5=60개가 된다. 또한 변의 수는 90개다. 깎은 정이십면체가 축구공이 된 이유는 평면을 붙여서 만들었음에도 공기를 넣으면 거의 구형에 가까워져서 **잘 변형되지 않고**, 공을 찼을 때 **힘이 균등하게 전달되기** 때문이다.

축구공은 아르키메데스 다면체

▶ 아르키메데스 다면체의 예 [그림1]

육팔면체
정삼각형 8개와 정사각형 6개로 구성된 다면체.

구성면 **정삼각형** 8개
　　　정사각형 6개

십이이십면체
정십이면체 혹은 정이십면체의 각 꼭짓점을 변의 중심까지 자른 다면체.

구성면 **정삼각형** 20개
　　　정오각형 12개

다듬은 육팔면체
정육면체의 면을 비틀어 사이에 정삼각형을 넣은 듯한 모양의 다면체.

구성면 **정삼각형** 32개
　　　정사각형 6개

▶ 정이십면체로 만드는 축구공 [그림2]

정이십면체	깎은 정이십면체

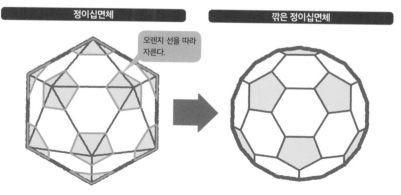

오렌지 선을 따라 자른다.

정이십면체의 각 꼭짓점을 변의 길이의 $\frac{1}{3}$이 되는 부분에서 자른다.

자른 꼭짓점을 연결하면 정오각형 모양이 되는 깎은 정이십면체가 만들어진다. 이것이 축구공의 표면이 된다.

31

아름다운 수학의 정리?
오일러의 다면체 공식

어떤 **볼록다면체**든 **꼭짓점**, **변**, **면의 수** 중 **2가지**를 알면
남은 **1가지**도 알 수 있다!

수학 공식은 종종 '아름답다'라고 표현한다. 물론 사람에 따라 기준이 다르겠지만, 가장 아름다운 공식 중 하나로 알려진 것이 **오일러의 다면체 공식**(오일러의 다면체 정리)이다.

다면체 공식은 1751년에 스위스의 수학자 **오일러**가 발견했다. 오일러의 다면체 공식이란 어떤 **볼록다면체**(들어간 곳이나 구멍이 없는 다면체로 두 개의 꼭짓점을 연결하는 선분이 다면체 내부에 완전히 포함된 것)든, **꼭짓점의 수**를 V(Vertex), **변의 수**를 E(Edge), **면의 수**를 F(Face)라고 할 때, '**V-E+F=2**'가 성립한다는 것이다[그림1].

예를 들어, 정육면체라면 면의 수는 정사각형 6개, 꼭짓점의 수는 8개, 변의 수는 12개이기 때문에 '8-12+6=2'가 성립한다[그림2]. 즉, 들어간 곳이 없는 볼록 다면체라면 꼭짓점의 수, 변의 수, 면의 수 중 어떤 두 가지를 알면 남은 한 가지는 계산해 구할 수 있다. 오일러는 **평면의 다각형**에 대해서는 '**V-E+F=1**'이라는 공식이 성립한다는 것도 증명했다.

참고로 도넛의 표면과 같은 구멍 뚫린 다면체에 대해서는 구멍의 수를 P개라고 하면(P개의 도넛이 연결된 형태의 다면체), '**V-E+F=2-2P**'라는 공식이 성립한다.

오일러가 밝혀낸 다면체의 성질

▶ 오일러의 다면체 공식 [그림1]

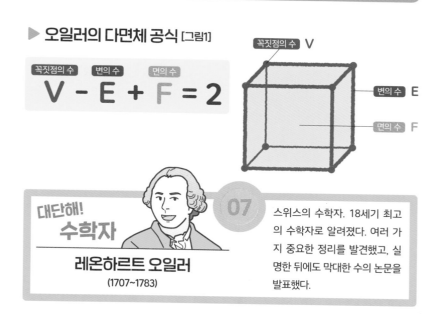

꼭짓점의 수　변의 수　면의 수

$$V - E + F = 2$$

꼭짓점의 수 V

변의 수 E

면의 수 F

대단해!
수학자

07

레온하르트 오일러
(1707~1783)

스위스의 수학자. 18세기 최고의 수학자로 알려졌다. 여러 가지 중요한 정리를 발견했고, 실명한 뒤에도 막대한 수의 논문을 발표했다.

▶ 정다면체의 꼭짓점, 변, 면의 수 [그림2]

	꼭짓점의 수	변의 수	면의 수
정사면체	4	6	4
정육면체	8	12	6
정팔면체	6	12	8
정십이면체	20	30	12
정이십면체	12	30	20

정육면체와 정팔면체, 정십이면체와 정이십면체는 각각 꼭짓점의 수와 면의 수가 대칭이다. 이와 같은 관계의 다면체를 쌍대다면체라고 한다.

오려 붙이니 넓이가 달라졌다?
'신기한 직각삼각형'

직각삼각형을 여러 개의 조각으로 오린 뒤 다른 형태로 배열하면 넓이
가 변한다는 수학 퍼즐이다.

1 직각삼각형을 그림처럼 ⒶⒷⒸⒹ 네 조각으로 나눈다.

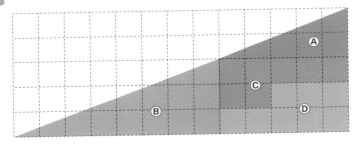

2 나눈 조각의 배열을 바꾸어 그림처럼 직각삼각형이 되게 만든다.

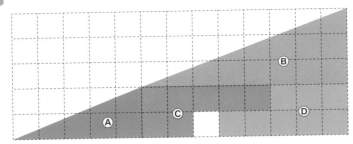

아랫부분에 한 칸 공백이 생긴다. 직각삼각형의 밑변과 높이, 각 조각의 크기는

바뀌지 않았는데, 왜 한 칸만큼 넓이가 줄어 들었을까?

1의 직각삼각형과 **2**의 직각삼각형은 같은 형태처럼 보이지만 잘 살펴보면 다른 부분이 있다. 바로 **빗변의 기울기**다.

직각삼각형 Ⓐ는 '밑변이 5, 높이가 2'이기 때문에, 기울기는 2÷5=0.4다. 직각삼각형 Ⓑ는 '밑변이 8, 높이가 3'이기 때문에 기울기는 3÷8=0.375다. 즉, **직각삼각형 Ⓐ의 기울기가 약간 더 크다.**

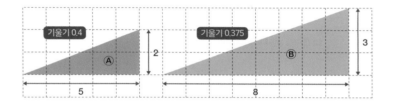

1과 **2**의 직각삼각형을 겹쳐 보면 **2**의 빗변이 튀어나와 있다. 이 튀어나온 부분의 넓이가 아래 공백 한 칸이 된다. 즉, **모두 엄밀하게 말하면 2는 직각삼각형이 아니라 직각삼각형처럼 보이는 사각형이다.**

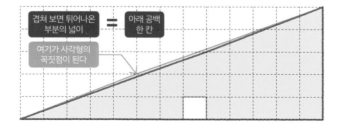

32 곡선의 종류에는 무엇이 있을까?

그렇구나! 아폴로니오스가 발견한 원뿔 곡선이 대표적.
포물선, 쌍곡선, 타원, 원 등이 있다!

곡선에는 어떤 종류가 있을까? 대표적인 곡선에는 고대 그리스 수학자 아폴로니오스가 발견한 원뿔 곡선이 있다. 원뿔 곡선이란 원뿔을 평면으로 자른 단면에 나타나는 곡선으로 원, 타원, 포물선, 쌍곡선, 4종류가 있다[그림1].

원은 원뿔의 밑면에 평행하게 자를 때 나타난다. 타원은 두 개의 정점(초점)에서의 거리의 합이 일정한 원의 궤적을 말하며, 원뿔의 밑면과 평행하지 않고 밑면과 만나지 않도록 자를 때 나타난다.

포물선은 원뿔을 모선(원뿔 등의 회전체의 측면 선분)에 평행하게 자를 때 나타난다. 물건을 공중으로 비스듬하게 던질 때, 물체가 그리는 궤적도 포물선이다. 분수에서 물이 뿜어져 나오는 모양 역시 포물선이다. 포물선을 이용한 익숙한 제품에는 파라볼라 안테나, 손전등 등이 있다. 포물선의 형태를 한 안테나나 거울에 수직으로 닿은 전파와 빛은 한 점에 모이게 된다. 이 성질을 이용해 전파와 빛을 모으기도 하고 날리기도 한다[그림2].

쌍곡선은 원뿔의 밑면에 수직으로 자를 때 나타나고, 단면이 끝없이 이어진다는 것이 특징이다.

포물선도 원뿔 곡선 중 하나

▶ 4종류의 원뿔 곡선 [그림1]

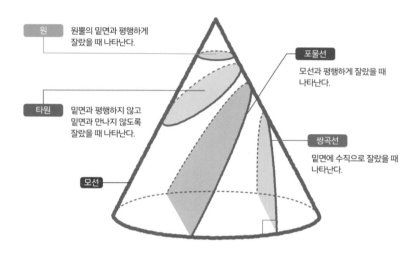

원 원뿔의 밑면과 평행하게 잘랐을 때 나타난다.

타원 밑면과 평행하지 않고 밑면과 만나지 않도록 잘랐을 때 나타난다.

모선

포물선 모선과 평행하게 잘랐을 때 나타난다.

쌍곡선 밑면에 수직으로 잘랐을 때 나타난다.

▶ 파라볼라 안테나와 포물선 [그림2]

포물선의 그래프에는 아래와 같은 성질이 있다.

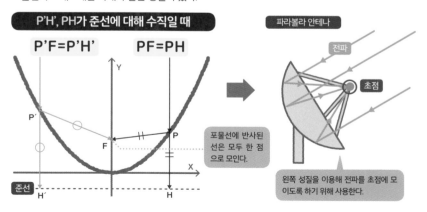

P'H', PH가 준선에 대해 수직일 때

P'F=P'H' PF=PH

포물선에 반사된 선은 모두 한 점으로 모인다.

준선

파라볼라 안테나

전파

초점

왼쪽 성질을 이용해 전파를 초점에 모이도록 하기 위해 사용한다.

33
도형

건축에 이용된다?
현수선이란?

밧줄의 양 끝을 들어 올렸을 때 생기는 곡선.
상하 반전시키면 역학적으로 안정된다!

밧줄 양 끝을 들어 올렸을 때, 밧줄은 아래로 처지게 된다. 이와 같은 상태에서 **밧줄이 그리는 곡선**을 '**현수선(카테너리 곡선)**'이라고 한다.

카테너리(catenary)는 라틴어로 **사슬**이라는 의미가 있으며, '사슬의 양 끝을 모았을 때 생기는 곡선'에서 이런 이름이 붙었다. 현수선은 얼핏 **포물선**과 비슷해 보이지만 다르다. 곡선의 양 끝이 포물선보다 크게 기울어 있다[그림1]. 현수선을 나타내는 방정식은 스위스의 수학자 **요한 베르누이**와 독일의 수학자 **라이프니츠**가 1691년 처음 발표했다.

현수선의 모든 부분에는 중력이 균등하게 걸린다. 그리고 현수선을 위아래로 뒤집어 아치 형태로 만들면 **힘의 방향이 역전**되어 균형을 이루며 역학적으로 안정된다[그림2].

이 **현수선 아치**는 건축에 이용된다. 스페인의 건축가 **안토니 가우디**는 현수선을 중시하기로 유명했다. 가우디가 건축한 사그라다 파밀리아 교회는 밧줄에 추를 매달아 늘어뜨린 모형을 사용해 설계했다. 자연에서는 **거미줄의 가로선**에서 현수선을 찾을 수 있다.

포물선과는 다른 현수선

▶ 현수선과 포물선의 차이 [그림1]

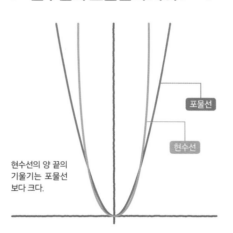

포물선

현수선

현수선의 양 끝의
기울기는 포물선
보다 크다.

▶ 현수선 아치 [그림2]

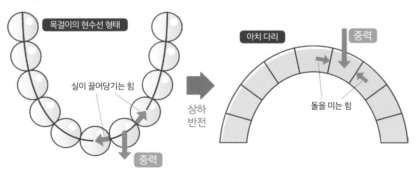

목걸이의 현수선 형태

실이 끌어당기는 힘

상하
반전

중력

아치 다리

중력

돌을 미는 힘

중력으로 떨어질 것 같은 목걸이를 실이 끌
어당겨 지탱하고 있다.

현수선을 상하 반전시키면 역학적으로 안정
된 아치가 만들어진다.

34 최고속도로 물체가 떨어진다? 사이클로이드 곡선이란?

도형

그렇 구나!

중력의 힘만으로 공이 낙하할 때
가장 짧은 시간에 떨어지는 곡선!

멈추어 있는 공이 중력의 힘만으로 경사면을 따라서 굴러떨어질 때, 가장 빨리 떨어지는 경사면은 무엇일까? 직선? 곡선? 원호? 답은 **사이클로이드 곡선**이다.

사이클로이드 곡선이란 자동차나 자전거 바퀴가 **직선상에서 구를 때 바퀴 위의 한 점이 그리는 곡선**을 말한다[그림1]. 이 곡선을 위아래로 뒤집은 곡선이 모든 경사면 중에서 어떤 위치에서 다른 위치까지 가장 짧은 시간에 낙하하는 **최고속도 낙하 곡선**이 된다[그림2].

갈릴레오 갈릴레이는 1638년 최고속도 낙하 곡선은 원호라고 결론 내렸지만, 틀렸다는 것이 증명되었다. 1696년 **요한 베르누이**가 당시 수학자들에게 미해결 상태였던 최고속도 낙하 곡선 문제를 냈고, 4명이 정답을 냈다. 그중 한 사람인 **아이작 뉴턴**은 하룻밤 만에 문제를 풀어 버렸다고 한다. 또한 네덜란드의 수학자 **하위헌스**는 사이클로이드 곡선의 어느 지점에서 공을 굴린다고 해도 마찰이 없고 중력의 작용만 있다면, **가장 밑 부분까지 떨어지는 시간은 같다**는 것을 발견했다. 이와 같은 곡선을 **등시 곡선**(등시강하 곡선)이라고 부른다. 즉, 최고속도 낙하 곡선은 등시 곡선이기도 하다.

최고속도 낙하 곡선과 등시 곡선

▶ 사이클로이드 곡선 [그림1]

자전거 바퀴의 한 점이 그리는 곡선을 사이클로이드 곡선이라고 한다.

사이클로이드 곡선

바퀴가 회전할 때 그리는 사이클로이드의 길이 ➡ 바퀴 지름의 4배

▶ 최고속도 낙하 곡선은 등시 곡선이기도 하다 [그림2]

최고속도 낙하 곡선

직선이나 원호 등 다른 모든 빗면보다 상하 반전시킨 사이클로이드 곡선을 따라 굴러떨어지는 공이 가장 먼저 도착 지점을 통과한다.

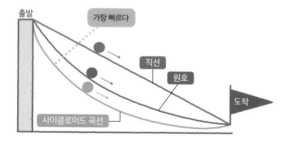

출발
가장 빠르다
직선
원호
도착
사이클로이드 곡선

등시 곡선

사이클로이드 곡선에서는 어떤 지점에서 공을 굴려도 도착 지점에 도착하는 시간이 같다.

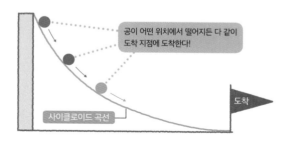

공이 어떤 위치에서 떨어지든 다 같이 도착 지점에 도착한다!

도착
사이클로이드 곡선

35 고속도로 커브는 몸에 친절한 곡선?

그렇구나! 도로나 롤러코스터의 커브는 조금씩 심해지는 클로소이드 곡선!

자동차를 운전할 때 고속도로 커브에서 급하게 핸들을 돌리는 경우는 거의 없다. 고속도로 커브는 직선에서 시작해 조금씩 커브가 심해지도록 설계해서, 곡선 구간에 다다를 때는 거의 직선에 가까워지기 때문이다. 이 곡선을 **클로소이드 곡선**이라고 한다.

정확하게는 **자동차가 일정 속도로 주행하면서 핸들을 일정한 속도로 돌릴 때 차가 그리는 궤적이 클로소이드 곡선**이다. 핸들을 일정한 속도로 되돌렸을 때도 마찬가지로 클로소이드 곡선이 된다. 핸들을 같은 속도로 돌리거나 되돌리는 것은 자연스러운 동작이기 때문에 몸에 부담이 되지 않고 안전하다.

만약 고속도로 커브의 입구가 **원호**(원주 부분)라면 어떻게 될까? 운전자는 커브에 진입함과 동시에 핸들을 급하게 돌려야 하니 매우 위험하다[그림1].

클로소이드 곡선은 **롤러코스터의 수직 루프**에도 이용된다. 1895년 수직 루프를 도입한 세계 첫 롤러코스터가 미국에서 등장했는데, 루프의 형태를 원으로 만들었기 때문에 목에 강한 충격을 받는 이용객이 속출했다[그림2]. '클로소이드 곡선'은 몸에 친절한 곡선이다.

몸에 친절한 클로소이드 곡선

▶ 클로소이드 곡선과 원호의 비교 [그림1]

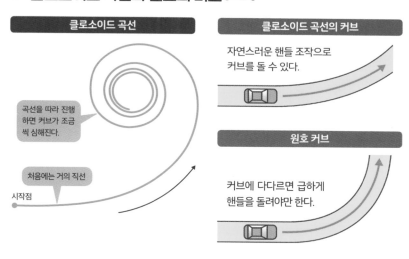

클로소이드 곡선

곡선을 따라 진행하면 커브가 조금씩 심해진다.

처음에는 거의 직선

시작점

클로소이드 곡선의 커브

자연스러운 핸들 조작으로 커브를 돌 수 있다.

원호 커브

커브에 다다르면 급하게 핸들을 돌려야만 한다.

▶ 롤러코스터의 수직 루프 [그림2]

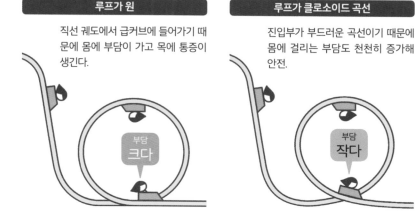

루프가 원

직선 궤도에서 급커브에 들어가기 때문에 몸에 부담이 가고 목에 통증이 생긴다.

부담 크다

루프가 클로소이드 곡선

진입부가 부드러운 곡선이기 때문에 몸에 걸리는 부담도 천천히 증가해 안전.

부담 작다

36
도형

아름다운 비율 황금비, 어떤 비율일까?

그렇구나! '1:1.618'의 비율이 황금비.
황금 직사각형, 황금 나선을 작도할 수 있다!

황금비는 도대체 어떤 비율일까? 황금비는 인간이 가장 아름답다고 느끼는 비율로 '미켈란젤로의 비너스', '파르테논 신전' 등, 고대부터 서양 미술 작품이나 건축에 도입되었다[그림1].

황금비의 정확한 값은 '1:(1+√5)÷2'다. 소수점 이하가 순환하지 않고 무한히 이어지는 무리수로, Φ(파이)라는 기호로 나타내기도 한다. 근삿값은 '1:1.618' 혹은 '5:8'이다. 유클리드는 『원론』에서 **외중비**라는 말을 사용해 황금비를 '어떤 선분을 두 개의 다른 선분으로 나눌 때, 선분 전체와 긴 부분의 비가 긴 부분과 짧은 부분의 비와 같아지면, 그 선분은 황금비로 나뉜 것이다'라고 정의했다.

가로와 세로의 비율이 황금비인 직사각형을 '황금 직사각형'이라고 한다. 황금 직사각형은 자와 컴퍼스로 간단히 그릴 수 있다[그림2]. 황금 직사각형에서 가장 큰 정사각형을 제외하면 다른 황금 직사각형이 나타난다. 이것을 **영원히 서로 닮은 도형**이라고 하고, 이때 정사각형의 각에서 각까지 원호를 그리면, **황금 나선**이 나타난다. 이처럼 황금비는 아름다운 곡선을 그릴 수 있다.

황금비의 아름다움의 비밀

▶ 미술과 건축에 나타나는 황금비 [그림1]

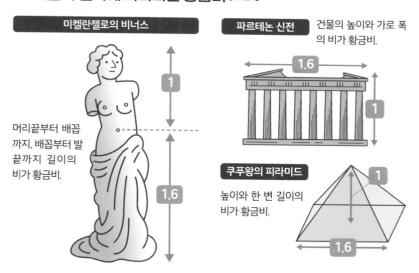

미켈란젤로의 비너스

1

머리끝부터 배꼽까지, 배꼽부터 발끝까지 길이의 비가 황금비.

1.6

파르테논 신전 건물의 높이와 가로 폭의 비가 황금비.

1.6

1

쿠푸왕의 피라미드

높이와 한 변 길이의 비가 황금비.

1

1.6

▶ 황금 직사각형의 작도와 황금 나선 [그림2]

황금 직사각형

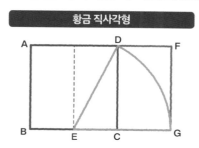

정사각형 ABCD에 대해 BC의 중점 E를 찍고, ED를 반지름으로 하는 원호를 그린다. BC의 연장선과 원호의 교점 G로 만들어지는 직사각형ABGF가 황금 직사각형이 된다.

황금 나선

$$r = a\varphi^{\frac{2\theta}{\pi}}$$

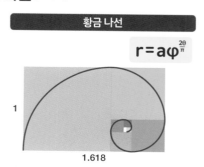

1

1.618

황금 직사각형에서 정사각형의 각과 각을 원호로 잇고, 또 나머지 부분에서도 반복하면 황금 나선이 나타난다.

늑대, 염소, 양배추를
강 건너편으로 옮기려면?

'강 건너기 문제'라고 불리는 고전적인 수학 문제. 8세기 그리스의 신학자 알퀸이 고안했다고 전해진다.

1 양배추를 든 사람이 늑대, 염소와 강을 건너려고 한다. 강에는 배 한 척이 있다.

2 배는 사람만 저을 수 있고, 한 번에 늑대, 염소, 양배추 중 한 개만 나를 수 있다. 늑대를 남겨 두면 늑대가 염소를 먹어 버린다. 염소를 남겨 두면 염소가 양배추를 먹어 버린다. 모두 무사히 강을 건너려면 어떤 순서로 건너야 할까?

사람이 없으면…

늑대는 염소를 먹는다   염소는 양배추를 먹는다

우선 강을 건널 때 절대 발생하면 안 되는 상황을 생각해 보면, **'늑대와 염소를 남긴다'**, **'염소와 양배추를 남긴다'**다. '건너편으로 옮기고 다시 돌아온다'는 가능하다. **'해도 되는 행동'을 파악해 논리적으로 생각하는 것**이 이 문제를 푸는 포인트다.

답은 발생하면 안 되는 상황이 생기지 않도록 **처음에 염소를 건너편으로 옮기고 다음에 늑대를 옮긴 후, 염소를 다시 데려온다.**

1 염소를 옮긴 후 돌아온다.

2 늑대를 옮긴 후 염소를 데리고 돌아온다.

3 양배추를 옮긴 후 돌아온다.

4 염소를 옮기면 완료.

늑대와 양배추 순서를 바꾸어도 모두 무사히 건널 수 있다.

37 신비한 숫자의 배열?
피보나치 수열이란?

수

그렇 구나! 바로 앞의 두 항을 더하면 다음 항이 되는 **수열로,** 황금비와 깊은 관계를 엿볼 수 있다!

'수열'이란 어떤 규칙에 따라 나열된 수를 말한다. 수열의 각 수를 항, 첫 항(초항)에 일정의 수(공차)를 더해가는 수열을 **등차수열**, 첫 항에 일정한 수(공비)를 곱해가는 수열을 **등비수열**이라고 한다. 예를 들어, '1, 2, 3, 4'라는 수열은 각각의 수가 '항', 1이 첫 항이며 앞 항에 1을 더해가는 '등차수열'이다. 첫 항 1부터 2를 곱해가는 '1, 2, 4, 8'은 '등비수열'이 된다.

등차수열도 등비수열도 아닌 수열 중에 특히 유명한 수열이 **피보나치 수열**이다. 피보나치 수열이란 '1, 1, 2, 3, 5, 8, 13, 21, 34, 55, 89, …'가 이어지는 수열로, 이탈리아의 수학자 피보나치가 토끼 번식 문제로 소개했다[그림1]. 피보나치 수열은 처음 두 항을 제외하면, 앞의 두 항을 더해 다음 항이 되는 규칙의 수열이며 '피보나치 수'라고 부른다.

피보나치 수열은 신기한 성질이 있는데 식물의 가지나 꽃, 잎이 붙어 있는 것에도 피보나치 수열이 숨어 있다고 한다[그림2]. 또한 수열이 진행함에 따라 **이웃하는 두 항의 비가 황금비인 약 1.618에 가까워진다.** 이로 인해 피보나치 수열은 신비한 숫자라고 여겨진다.

피보나치 수열이 나타내는 자연법칙

▶ 토끼 번식 문제 [그림1]

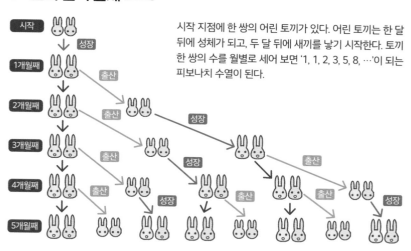

시작 지점에 한 쌍의 어린 토끼가 있다. 어린 토끼는 한 달 뒤에 성체가 되고, 두 달 뒤에 새끼를 낳기 시작한다. 토끼 한 쌍의 수를 월별로 세어 보면 '1, 1, 2, 3, 5, 8, …'이 되는 피보나치 수열이 된다.

▶ 나뭇가지와 피보나치 수열 [그림2]

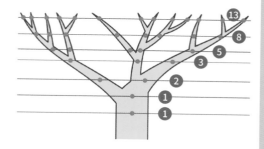

나무는 대부분 피보나치 수열로 가지가 뻗어 나간다.

대단해! 수학자 09

레오나르도 피보나치
(1170 무렵 ~ 1250 무렵)

이탈리아 수학자. 피보나치는 애칭. 『산술에 관한 책(Liber abaci)』을 집필했고, 아라비아 숫자와 자릿수 기수법을 유럽에 소개했다.

※ 본명에 가까운 것은 레오나르도 다 피사

38 아리스토텔레스의 바퀴 역설이란?

그렇 구나! 동심원의 원의 둘레는 다를 텐데, 같은 길이로 보이는 역설!

'모든 원의 둘레는 같다'. 말도 안 되는 말이다. 하지만 이것을 증명할 수 있을 것 같은 역설이 있다. 기원전부터 잘 알려진 '**아리스토텔레스의 바퀴 역설**'이다. 이것은 다음과 같은 문제다.

지름이 다른 두 개의 바퀴(원)가 있다. 커다란 바퀴 A와 작은 바퀴 B가 동심원 (중심을 공유하는 두 개 이상의 원)이 되도록 고정되어 있다. 이 바퀴가 지면을 한 바퀴 돌 때, 바퀴 A의 한 점이 움직인 거리는 바퀴 A의 원의 둘레와 같다. 바퀴 B는 바퀴 A에 고정되어 있기 때문에 **바퀴 B는 바퀴 A와 같이 움직인다. 이때 바퀴 B의 한 점이 움직인 길이는 바퀴 A와 같게 보인다**[그림1]. 하지만 바퀴 A와 바퀴 B는 둘레가 다르기 때문에 모순이다. 도대체 무슨 일일까?

이 역설의 해결법은 몇 가지가 있지만, 바퀴 A의 한 점의 궤적은 **직선이 아니라 사이클로이드 곡선**으로 진행한다는 점에 초점을 맞추면 풀 수 있다. 바퀴 B의 궤적은 원의 내부(혹은 외부)가 그리는 원만한 곡선(**트로코이드 곡선**)이 된다. 두 개의 곡선을 비교하면 바퀴 A의 궤적이 바퀴 B보다 길다는 것을 한눈에 알 수 있다[그림2].

역설의 수수께끼 해결

▶ 아리스토텔레스의 바퀴 역설 [그림1]

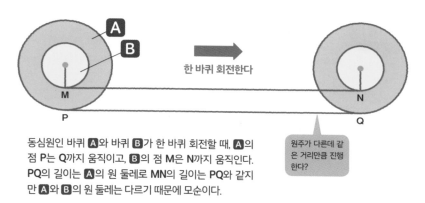

한 바퀴 회전한다

동심원인 바퀴 **A**와 바퀴 **B**가 한 바퀴 회전할 때, **A**의 점 P는 Q까지 움직이고, **B**의 점 M은 N까지 움직인다. PQ의 길이는 **A**의 원 둘레로 MN의 길이는 PQ와 같지만 **A**와 **B**의 원 둘레는 다르기 때문에 모순이다.

원주가 다른데 같은 거리만큼 진행한다?

▶ 역설 해결 방법 [그림2]

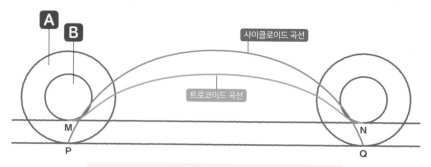

사이클로이드 곡선

트로코이드 곡선

P와 M이 그리는 궤도는 각각 다른 원호이고, 두 개의 원호의 길이는 각각 바퀴의 둘레와 일치한다!

39

도형

배가 진행하는 경로는
어떻게 측정할까?

그렇구나! 15세기 대항해시대는 항정선으로,
현재는 대권항로로 측정해 운행한다!

배가 지나가는 항로는 어떻게 측정할까? GPS가 발달한 현대는 그렇다 치더라도 15세기 대항해시대에는 어떻게 배를 목적지까지 운행할 수 있었을까?

당시 장거리 항해를 가능하게 했던 것은 포르투갈의 수학자 누네스가 1537년에 발견한 항정선(등각항로)이다. 항정선이란 지구상의 경선(지구의 양극단을 통과하는 남북선)과 항상 일정한 각도로 유지하면서 진행하는 항로다. 목적지에 나침반을 맞추고 항상 그 각도를 유치하면서 운행하면 된다.

태평양을 횡단해 서울에서 샌프란시스코까지 항해하는 경우, 양 도시는 거의 같은 위도에 있기 때문에 진로를 동쪽으로 고정하면 도착할 수 있다[그림1]. 경선과 위선(적도에 평행한 동서선)이 직각으로 교차하는 메르카토르 도법 지도에서는 항정선은 직선이다. 하지만 실제 항정선은 곡선이라서 지구상의 두 점 사이를 잇는 최단 거리는 아니다. 이로 인해 현재에는 장거리를 운행하는 항공기나 선박은 연료와 소요 시간을 절약하기 위해 항정선이 아니라 대권항로(대권코스)를 이용한다[그림2]. 대권항로는 지구상의 두 점 사이를 잇는 최단 경로로 GPS 등으로 정확한 현재 위치를 확인하고 항상 방향을 수정하면서 운행한다.

항정선과 대권항로 비교

▶ 서울에서 샌프란시스코까지의 항로 [그림1]

메르카토르 도법에 따르면 항정선은 직선이고 대권항로는 곡선인데, 실제로는 대권항로가 최단 경로가 된다.

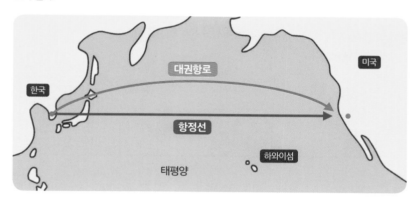

▶ 지구 위에서 본 항정선과 대권항로 [그림2]

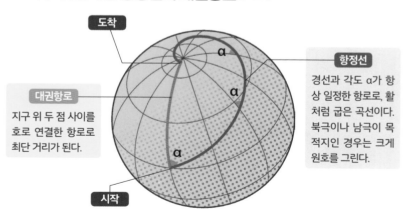

대권항로
지구 위 두 점 사이를 호로 연결한 항로로 최단 거리가 된다.

항정선
경선과 각도 α가 항상 일정한 항로로, 활처럼 굽은 곡선이다. 북극이나 남극이 목적지인 경우는 크게 원호를 그린다.

논리적 사고를 시험하는 '왕복 평균속도' 문제

계산 방법은 간단하지만 틀리는 사람이 많은 문제다. 논리적으로 생각하면 정답을 맞힐 수 있다.

1 타로 씨는 자동차를 타고 집에서 A시까지 이동했다. 자동차의 속도는 시속 40㎞였다.

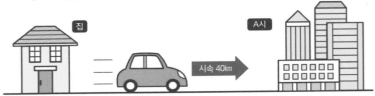

2 타로 씨는 A시에서 다시 자동차를 타고 집으로 돌아왔다. 자동차의 속도는 시속 60㎞였다.

3 타로 씨는 집과 A시 사이를 다른 속도로 왕복했다. 자동차의 평균속도는 시속 몇㎞일까?

A시까지 갈 때의 시속이 40㎞고, 돌아올 때의 시속이 60㎞라면, 더해서 **2로 나누어 평균속도 50㎞**가 답처럼 보인다. 하지만 이 답은 틀렸다. 왜 그럴까?

이 문제에는 **'거리'와 '시간'이 나타나 있지 않다.** 속도란 거리를 시간으로 나누어 구한다. '평균 시속 50㎞'가 성립하기 위해서는 거리와 시간도 일정해야 한다. 집에서 A시까지의 거리는 일정하기 때문에 임의로 120㎞ 떨어져 있다고 생각해 보자.

가는 데 걸린 시간

120km ÷ 시속 40km = 3시간

오는 데 걸린 시간

120km ÷ 시속 60km = 2시간

즉, 왕복 거리는 120㎞×2=240㎞이며, 걸린 시간은 3시간+2시간=5시간이다. 이로 인해 **평균속도는 240㎞÷5시간=시속 48㎞**가 된다.

정답은 시속 48㎞다.

집에서 A시까지의 거리를 예를 들어, 150㎞로 계산해도 가는 데 걸린 시간은 3.75시간, 오는 데 걸린 시간은 2.5시간이 되고, 왕복 300㎞÷(3.75+2.5)시간=시속 48㎞라고 답이 구해진다.

왜 소라 껍데기는 나선무늬일까?

40

도형

그렇구나! 전체 형태를 유지하며 효율 좋게 성장하기 위해 로그 나선 형태가 되었다!

빙글빙글 소용돌이치는 **나선** 형태. 소라, 양의 뿔 등 자연계에서도 나선 형태가 나타나는데 수학적인 의미가 있을까?

나선은 종류가 다양한데 **자연계에서 많이 나타나는 나선**은 '로그 나선'이다. 로그 나선은 **등각 나선**이라고도 하며, 중심에서 뻗은 직선과 만나는 점의 접선이 **만드는 각도가 항상 일정하다**[그림1]. 수학자 **야코프 베르누이**가 자세하게 연구해서 **베르누이의 나선**이라고도 부른다. 로그 나선은 어떤 배율로 확대하거나 축소해도 회전시키면 원래의 나선과 같아진다.

앵무조개의 껍데기는 로그 나선이다. 이것은 조개가 성장해 껍데기를 크게 만들 때 같은 비율로 확대하는 쪽이 전체 형태를 유지하며 효율 좋게 성장할 수 있기 때문이라고 알려졌다. 만약 각도를 바꾸어 성장하면 껍데기에 틈이 생기고 전체의 형태가 바뀌어 버린다. 로그 나선은 포유류의 뿔이나 식물의 덩굴 모양, 저기압이나 은하의 소용돌이 등에서도 볼 수 있다. 사냥감을 노리는 매 또한 로그 나선을 그리며 난다고 알려졌다[그림2].

참고로 로그 나선은 **황금 나선**과 닮았지만 다른 나선으로, 나타내는 식도 다르다.

자연계에 나타나는 신비한 나선

▶ 로그 나선 [그림1]

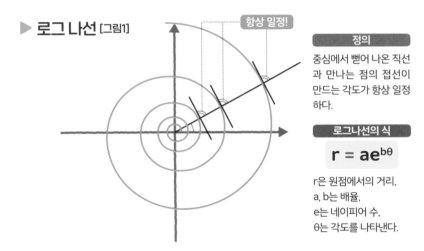

항상 일정!

정의

중심에서 뻗어 나온 직선과 만나는 점의 접선이 만드는 각도가 항상 일정하다.

로그나선의 식

$$r = ae^{b\theta}$$

r은 원점에서의 거리,
a, b는 배율,
e는 네이피어 수,
θ는 각도를 나타낸다.

▶ 자연계에 나타나는 로그 나선 [그림2]

로그 나선은 축소, 확대해도 전체의 형태가 바뀌지 않기 때문에 자연계의 다양한 곳에서 관찰할 수 있다.

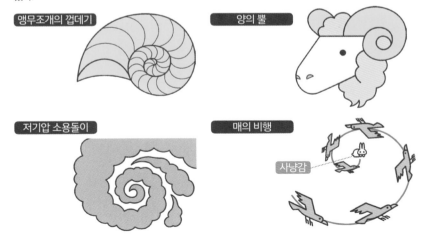

앵무조개의 껍데기

양의 뿔

저기압 소용돌이

매의 비행

사냥감

41 나선에는 어떤 다양한 종류가 있을까?

도형

그렇구나!

대수식으로 나타내는 대수 나선에는, 아르키메데스의 나선 등 다양한 종류가 있다!

'로그 나선' 이외에도 다양한 나선이 있으며 각각을 나타내는 수식도 있다. 대표적인 나선에는 기원전 225년에 아르키메데스가 소개한 **아르키메데스의 나선**이 있다. 모기향과 같은 형태로 소용돌이 간격이 일정하며 $r=a\theta$라는 식으로 나타낸다. r은 원점에서의 거리, a는 배율(정수), θ는 각도를 나타낸다.

바깥으로 갈수록(θ가 커질수록), 소용돌이 간격이 좁아지는 나선을 **포물 나선**이라고 하며, '$r=a\sqrt{\theta}$'라는 식으로 나타낸다. 두 개의 포물 나선이 원점에서 부드럽게 연결된 것을 **페르마의 나선**이라고 한다. 17세기 수학자 페르마가 정의한 나선으로, $r^2=a^2\theta$라는 식으로 나타낸다. $r\theta=a$로 나타내는 나선은 **쌍곡선 나선**으로 이 나선은 커다란 호를 그리면서 조금씩 소용돌이 간격이 좁아지고 원점 부근에서 곡선의 밀도가 증가한다. **리투스**는 θ가 커질수록 원점에 가까워지는 나선으로 '$r\sqrt{\theta}=a$'라는 식으로 나타낸다.

이와 같은 나선은 **대수식**(셀 수 없는 수나 문자를 '+, -, ×, ÷, $\sqrt{}$' 5개의 연산을 조합해 만든 식)으로 나타내기 때문에 **대수 나선**으로 총칭된다. 이로 인해 식에 네이피어 수를 포함한 로그 나선은 대수 나선에 포함되지 않는다.

대수 나선의 종류

▶ 대표적인 대수 나선

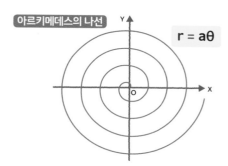

아르키메데스의 나선

$$r = a\theta$$

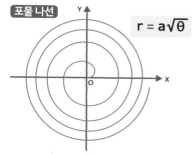

포물 나선

$$r = a\sqrt{\theta}$$

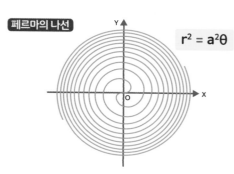

페르마의 나선

$$r^2 = a^2\theta$$

대단해! 수학자 10

피에르 페르마
(1607~1665)

프랑스 수학자. 직업은 재판관. 여가에 수학을 연구했다. '페르마의 마지막 정리'로 잘 알려져 있다.

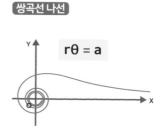

쌍곡선 나선

$$r\theta = a$$

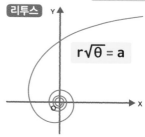

리투스

$$r\sqrt{\theta} = a$$

42 상자 속에 가장 많은 공을 채우는 방법은?

도형

육각형으로 쌓아 올리면 **최대밀도가 된다!**
수학적으로 **증명**을 하기까지는 **수백 년이나 걸렸다!**

커다란 상자 속에 크기가 같은 공을 채운다고 할 때 어떻게 채워야 가장 많이 넣을 수 있을까? 공을 적당히 상자 속에 던져 넣으면 공의 밀도는 **약 65%**가 된다는 실험 결과가 있다. 이것보다도 공의 밀도를 높이는 방법은 **첫 층을 육각형 모양**이 되도록 공을 배치하는 것. 첫 층으로 만들어진 구멍에 공을 넣고 다음 층을 만들고, 3층 이후에도 같은 행동을 반복하면 **최대 밀도**가 된다. 3층 이후를 배열하는 방법에 따라 **육방 최밀 충전**과 **입방 최밀 충전** 두 종류가 있으며, 모두 밀도는 $\pi/\sqrt{18}$ (약 74%)다[오른쪽 그림].

1611년 독일의 수학자 케플러는 '육방 최밀 충전, 입방 최밀 충전보다 높은 밀도로 공을 배치하는 방법은 존재하지 않는다'라고 주장했다. 하지만 이 케플러의 **예측**은 증명하기 어려워서 미해결 문제로 남았다. 케플러의 예측은 1998년 미국의 수학자 **토마스 헤일스**가 컴퓨터를 이용해 거의 증명했지만, 컴퓨터의 계산이 모두 옳다고 보증되지는 않았기 때문에 수학계에서는 '**99%는 맞다**'라고 여긴다. 헤일스는 특별한 소프트웨어를 사용해 남은 1%를 증명하려 했고, 2014년 **완전한 증명**을 해냈다.

가장 고밀도로 공을 채우는 방법

▶ 육방 최밀 충전과 입방 최밀 충전

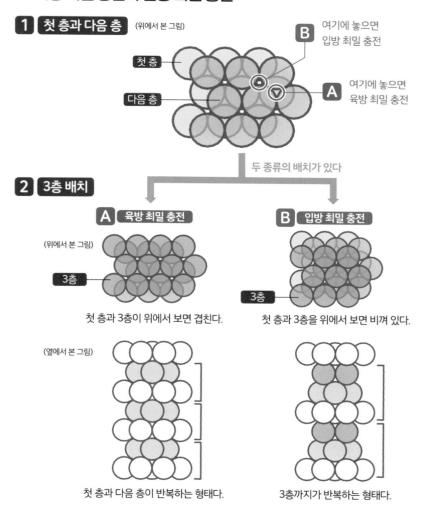

1 **첫 층과 다음 층** (위에서 본 그림)

첫 층

다음 층

B 여기에 놓으면 입방 최밀 충전

A 여기에 놓으면 육방 최밀 충전

두 종류의 배치가 있다

2 **3층 배치**

A 육방 최밀 충전

(위에서 본 그림)

3층

첫 층과 3층이 위에서 보면 겹친다.

(옆에서 본 그림)

첫 층과 다음 층이 반복하는 형태다.

B 입방 최밀 충전

3층

첫 층과 3층을 위에서 보면 비껴 있다.

3층까지가 반복하는 형태다.

43

수

집합을 나타낸다? 벤다이어 그램의 의미와 보는 방법

그렇구나! 벤다이어그램은 집합에 대한 사고 방법을 나타낸다. 시각적으로 나타내 알기 쉽다!

'A 혹은 B', 'A 아니면 B'를 나타내는 그림을 벤다이어그램이라고 한다. 이것은 수학적으로 무엇일까?

어떤 조건에서 명확하게 그룹으로 나눌 수 있는 요소의 모임이 '집합'이다. 예를 들어, '1~10 중에서 2의 배수'라는 집합의 요소는 '2, 4, 6, 8, 10'이 된다.

또한 '1~10 중에서 2의 배수'를 A, '1~10 중에서 3의 배수'를 B라고 하면, '6'은 A와 B 모두에 속하기 때문에 공통부분이 되고, 'A∩B'로 나타낸다. A와 B의 최소 한쪽에 속하는 수를 합집합이라고 부르며 'A∪B'라고 나타낸다. A나 B 위에 막대기(-)를 그으면 'A가 아닌 것', 'B가 아닌 것'을 의미한다.

집합에서 유명한 법칙이 드모르간의 법칙으로, '$\overline{A\cup B}=\overline{A}\cap\overline{B}$', '$\overline{A\cap B}=\overline{A}\cup\overline{B}$'가 성립한다. 드모르간의 법칙을 이해하는 데 벤다이어그램의 도움을 받으면 쉽다. 벤다이어그램은 집합 관계를 도식화한 것이다[그림1]. 벤다이어그램은 이진법 계산(불대수)을 이해하는 데 도움이 된다. 이진법에서는 '덧셈, 뺄셈, 곱셈, 나눗셈'은 사용하지 않기 때문에 '논리곱', '논리합', '부정' 이 3종류로 기본적인 계산을 한다[그림2]. 불대수는 컴퓨터의 디지털 회로의 기초가 되는 이론이다.

집합을 이해할 수 있는 벤다이어그램

▶ 벤다이어그램으로 나타낸 '드모르간의 법칙' [그림1]

'드모르간의 법칙'은 벤다이어그램을 사용하면 이해하기 쉽다.

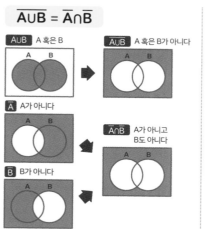

$$\overline{A \cup B} = \overline{A} \cap \overline{B}$$

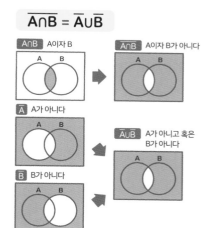

$$\overline{A \cap B} = \overline{A} \cup \overline{B}$$

▶ 벤다이어그램으로 나타낸 '불대수' [그림2]

논리곱	논리합	부정
두 개의 수가 '1'일 때만 '1'이 된다.	두 개의 수 중 어느 한쪽이 '1'일 때 '1'이 된다.	논리곱, 논리합과 반대의 영역을 나타낸다.

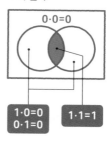

$$0 \cdot 0 = 0$$

$1 \cdot 0 = 0$
$0 \cdot 1 = 0$

$1 \cdot 1 = 1$

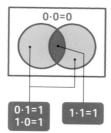

$$0 \cdot 0 = 0$$

$0 \cdot 1 = 1$
$1 \cdot 0 = 1$

$1 \cdot 1 = 1$

논리곱의 부정

논리합의 부정

논문을 5만 페이지나 썼다?! 궁극의 수학 오타쿠

레온하르트 오일러
(1707~1783)

18세기 최고의 수학자로 불리는 오일러. 스위스 바젤에서 태어나 현수선을 발견한 요한 베르누이 아래서 수학을 배우고 능력을 인정받았다. 20세 때 러시아의 상트페테르부르크에서 과학 아카데미의 교수가 되었지만, 28세 때 눈을 혹사하고 중병까지 겹쳐서 오른쪽 눈의 시력을 잃었다.

34세 때 독일로 이주했다가 25년 뒤 다시 상트페테르부르크로 돌아갔다. 64세 때에는 남은 왼쪽 눈의 시력마저 잃었지만 연구 의욕은 잃지 않았다. '정신이 혼란스럽지 않게 되었다'라고 하며 놀라운 기억력으로 뛰어난 논문을 다수 구술로 집필했고, 76세에 사망할 때까지 끊임없이 계산했다고 한다. 오일러가 남긴 논문과 저서는 약 560개나 되고, '인류 역사상 가장 많은 논문을 쓴 수학자'로 불리며 후세에 엄청난 영향을 미쳤다.

1911년부터 출판되기 시작한 『오일러의 전집』은 70권 이상에 총 5만 페이지가 넘는다.

$$v + f - e = 2$$

오일러는 '네이피어 수'를 연구했으며, '오일러의 다면체 정리', '오일러의 등식' 등을 발견했다. 소수와 관련된 수식을 정리하는 등 수학의 다양한 분야에서 뛰어난 업적을 남겼다.

제 **3** 장

기상천외!

수학의
신기한 세계

무한과 확률, 삼각비 등에는 수학의 심오한 세계가 숨어 있다. 이 신기한
세계에 발을 내디딘다면 세상을 보는 방식도 바뀔지 모른다. 어렵더라도
즐기면서 읽어 보자.

44

도형

정사각형으로만 분해하는 완전 정사각형 분할이란?

그렇 구나! 정사각형이나 직사각형을 모두 다른 크기의 정사각형으로 분할하는 방법!

'직사각형을 정사각형으로 분할하는 수학 퍼즐'이 있다. 직사각형 중에서 변의 길이가 정수이고, 모두 다른 크기의 정사각형으로 나눌 수 있는 것을 **완전 정사각형 분할**이라고 부른다.

완전 정사각형 분할은 1925년 폴란드 수학자 **즈비그니에프 모론**이 처음 발견했고, 32×33칸의 직사각형을 정사각형 9개로 분할했다[오른쪽 그림 위]. 이것이 완전 정사각형 분할이 가능한 가장 작은 직사각형이다. 모론은 65×47칸의 직사각형을 정사각형 10개로 분할하는 것도 발견했다.

또한 정사각형을 정사각형으로 분할하는 것은 간단하지만 크기가 모두 다른 정사각형으로 분할하기는 직사각형보다도 어렵다. 몇 년 동안 이것은 수학자들에게 불가능한 문제로 여겨졌는데, 1940년 **미국 트리니티 대학교 학생 4명**이 정사각형 69개로 분할할 수 있는 정사각형을 발견했다. 그 후 정사각형의 수를 39개까지 줄였다. 그리고 1978년 네덜란드의 수학자 **두이베스틴**이 컴퓨터를 사용해서 **한 변이 112칸인 정사각형을 정사각형 21개로 분할하는 방법**을 발견했다[오른쪽 그림 아래]. 현재는 21개가 가장 작은 완전 정사각형 분할이다.

정사각형으로 직 · 정사각형을 분할한다

▶ 가장 작은 직사각형, 정사각형의 '완전 정사각형 분할'

직사각형 (32×33칸)

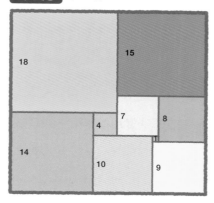

한 변의 길이가 '1, 4, 7, 8, 9, 10, 14, 15, 18'인
정사각형 9개로 분할할 수 있다.

정사각형 (112×112칸)

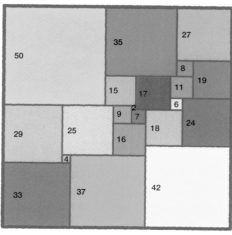

왼쪽 위부터 차례대로 한 변의 길이가
'50, 35, 27, 8, 19, 15, 17, 11, 6, 24,
29, 25, 9, 2, 7, 18, 16, 42, 4, 37, 33'
인 정사각형 21개로 분할할 수 있다.

45 도로 표지판에 급경사는 무엇을 나타낼까?

그렇구나! 100m 주행할 때 몇 m 높아지는 도로인지를 나타낸다.
도로의 경사도는 삼각비로 구한다!

도로 표지판 중에 '급경사 있음'이라고 '%'로 나타내는 것이 있다. 이 '%'는 어떤 수치를 나타낼까? 이 표식은 **100m 주행할 때 고도가 몇 m 높아지는지**(혹은 낮아지는지)**를 나타내는 수치**다. 즉, 경사 10%라고 하면 100m 주행할 때 첫 지점보다 10m 높아진다는 의미다[그림1].

이 표식으로 **삼각비**를 사용해 빗면의 각도를 계산할 수 있다. 직각삼각형에서 세 변의 길이를 a, b, c라고 하고 왼쪽 아래 각도(경사도)를 θ(세타)라고 하면, sin(사인)θ는 $\frac{b}{a}$, cos(코사인)θ는 $\frac{c}{a}$, tan(탄젠트)θ는 $\frac{b}{c}$ 로 계산할 수 있다. 이 삼각비를 연구한 고대 그리스 천문학자 **히파르코스**는 '삼각비 표'를 만들었다[그림2]. 삼각비 표를 이용하면 삼각형의 각도를 알 수 있다.

경사 5%의 경우 tanθ는 $\frac{5}{100}$=0.05이며, 경사 10%인 경우 tanθ는 $\frac{10}{100}$=0.1 이 된다. 이 수치를 보고 히파르코스의 삼각비 표에서 가장 가까운 값을 찾으면, tan0.05에 가장 가까운 것은 θ가 3°(tan0.0524), tan0.1에 가장 가까운 것은 θ가 6° (tan0.1051)다. 이것으로 **경사가 5%인 기울기의 각도는 약 3°, 경사가 10%인 기울기의 각도는 약 6°**라고 알 수 있다.

비탈길 경사와 삼각비의 관계

▶ 경사 10%의 비탈길 [그림1]

100m 주행하면, 처음 지점보다 10m 높아지는 비탈길.

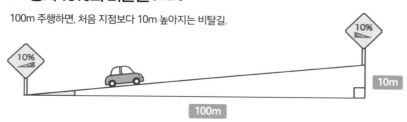

▶ 삼각비와 '삼각비의 표' [그림2]

삼각비

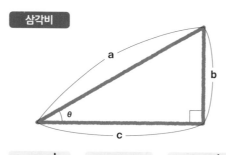

$$\sin\theta = \frac{b}{a} \qquad \cos\theta = \frac{c}{a} \qquad \tan\theta = \frac{b}{c}$$

b와 c의 길이를 알면, '삼각비 표'를 이용해 θ의 각도를 구할 수 있다!

예

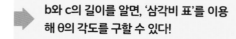

- $\tan\theta = \dfrac{5}{100} = 0.05$ ➡ tan3°에 가깝다
- $\tan\theta = \dfrac{10}{100} = 0.1$ ➡ tan6°에 가깝다

θ	tanθ
1°	0.0175
2°	0.0349
3°	0.0524
4°	0.0699
5°	0.0875
6°	0.1051
7°	0.1228
8°	0.1405
9°	0.1584
10°	0.1763
30°	0.5774
45°	1.0
60°	1.7321

삼각비 표

※ tanθ의 일부이며 소수 5째 자리에서 반올림한 값이다.

46

도형

사인 법칙? 코사인 법칙?
무엇을 구하는 법칙일까?

그렇
구나!

사인 법칙과 코사인 법칙은 삼각형의 변의 길이와
내각의 크기를 구하기 위해 중요한 법칙!

삼각형 변의 길이를 구하는 '사인 법칙'과 '코사인 법칙'. 각각 어떤 법칙일까?

'사인'이란 삼각비의 sin을 말하며, '삼각형 내각의 sin 값과 그 내각과 마주 보는 변의 길이의 비는 모두 일정', '삼각형의 한 변의 길이를 마주 보는 내각의 sin 값으로 나누면 외접원의 반지름의 2배가 된다'라는 것을 나타낸다.

사인 법칙을 이용하면 [그림1 왼쪽]과 같은 식이 성립하고 삼각형의 한 변의 길이와 양 끝의 두 각으로 남은 두 변의 길이를 구할 수 있다. **사인 법칙은 삼각측량에 응용**해 지구에서 달이나 행성 등 천체까지의 거리를 측정할 수도 있다[그림2].

'코사인'은 삼각비의 cos을 말하며, 삼각형ABC의 대변을 a, b, c라고 할 때, **'$a^2=b^2+c^2-2bc \cos \angle A$'가 성립한다**[그림1 오른쪽]. 삼각형의 두 변의 길이와 그 사이의 각을 알면 **코사인 법칙**을 이용해 다른 한 변의 길이를 구할 수 있다. 예를 들어, 멀리 떨어진 곳에 있는 A와 B 두 점 사이의 거리를 구할 수 있다. 혹은 세 변의 길이를 알면 코사인 법칙을 사용해 세 내각의 각도를 구할 수 있다.

사인 법칙으로 별까지 거리도 알 수 있다

▶ 사인 법칙과 코사인 법칙 [그림1]

사인 법칙

아래와 같은 등식이 성립하는 것을 사인 법칙이라고 한다.

$$\frac{a}{\sin A} = \frac{b}{\sin B} = \frac{C}{\sin C} = 2R$$

코사인 법칙

아래와 같은 등식이 성립하는 것을 코사인 법칙이라고 한다.

$$a^2 = b^2 + c^2 - 2bc \cos \angle A$$

$$b^2 = c^2 + a^2 - 2ca \cos \angle B$$

$$c^2 = a^2 + b^2 - 2ab \cos \angle C$$

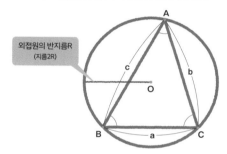

외접원의 반지름R
(지름2R)

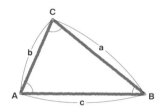

▶ 사인 법칙으로 별까지의 거리를 구하는 방법 [그림2]

지구 공전의 지름(a)과 ∠A와 ∠C의 값을 알면 별까지 거리 c를 구할 수 있다

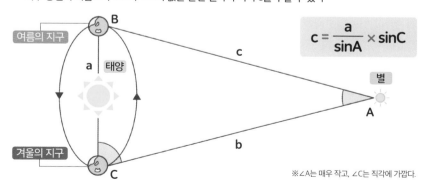

여름의 지구

태양

겨울의 지구

$$c = \frac{a}{\sin A} \times \sin C$$

별

※∠A는 매우 작고, ∠C는 직각에 가깝다.

찢어진 페이지는 몇 페이지?
의외로 알기 쉬운 '총합 문제'

수학 올림픽에 출제된 문제다. 총합 계산을 이용해 적은 정보로도 페이지 번호를 맞힐 수 있다.

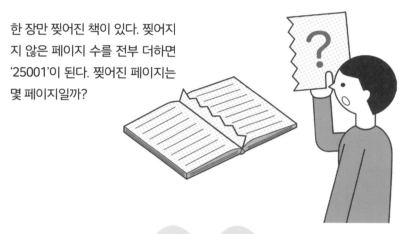

한 장만 찢어진 책이 있다. 찢어지지 않은 페이지 수를 전부 더하면 '25001'이 된다. 찢어진 페이지는 몇 페이지일까?

답 과 풀이

이 문제에는 모든 수를 합하는 **총합 계산**이 필요하다. 총합 계산 공식은 아래와 같다.

$$1 + 2 + 3 + 4 + \cdots + N = \frac{1}{2} N(N + 1)$$

찢어진 페이지는 한 장뿐이기 때문에, 페이지 번호는 앞면과 뒷면 2개다. 그리고 연속된 번호다. 페이지 번호를 'X' 'X+1'이라고 하고, 총 페이지 수(마지막 페이지 번호)를 'N'이라고 하면, 총합 계산 공식으로 아래와 같은 계산식이 만들어진다.

$$\frac{1}{2}\,N(N+1) - X - (X+1) = 25001$$

계산식을 정리 ➡ $\frac{1}{2}\,N(N+1) = 25001 + 2X + 1$

양변에 2을 곱한다 ➡ $N^2 + N = 50004 + 4X$

정리한다 ➡ $N^2 = 50004 + 4X - N$ ➡ 50004보다 훨씬 작다

　N(총 페이지 수)과 4X(찢어진 페이지 번호의 4배)는, N^2(총 페이지 수의 제곱)이나 50004(총합의 약 2배)보다 훨씬 작은 수이기 때문에, **총 페이지 수의 제곱은 약 50000**이라고 생각할 수 있다.

$$N^2 \fallingdotseq 50000$$
$$N \fallingdotseq \sqrt{50000} \fallingdotseq 223.6$$

　즉, 이 책의 총 페이지 수는 대략 223페이지, 224페이지 정도다.

N=223이라면, $\frac{1}{2}\,(223^2 + 223) = 24976$

이 되어, 25001보다 작기 때문에 모순이다.

N=224라면, $\frac{1}{2}\,(224^2 + 224) = 25200$ 이 된다.

　찢어지지 않은 페이지의 총합이 25001, 찢어진 페이지 번호의 합이 2X+1, 총 페이지의 합이 25200이기 때문에,

　25001+2X+1=25200

　2X=25200-25001-1

　X=99가 된다. 이것으로 **찢어진 페이지는 99페이지, 100페이지**라는 것을 알 수 있다.

47 한붓그리기가 가능한 도형, 오일러 그래프란?

그렇구나! 한붓그리기 문제, 쾨니히스베르크 다리 증명.
꼭짓점에 모인 선의 수가 짝수라면 한붓그리기 가능!

18세기 유럽에 쾨니히스베르크(현재의 러시아 서부)라는 마을이 있었다. 이 마을에는 강이 있고 강 위에 다리가 7개 있다. 어느 날 마을 사람이 '**어떤 장소(어디서든)를 출발해 7개의 다리를 1번씩 전부 건너 원래의 장소로 돌아올 수 있을까?**'라는 문제를 냈다[그림1].

스위스 수학자 **오일러**는 이 '**쾨니히스베르크 다리 문제**'를 점과 선으로 도형화(그래프화)했다. **다리를 '점과 점을 잇는 선'으로 생각**한 것이다. 즉, **시작점과 끝점을 일치시키는 한붓그리기를 할 수 있다면**, 모든 다리를 한 번씩 건너 원래의 장소로 돌아올 수 있다고 증명할 수 있다. 그 결과 오일러는 한붓그리기를 할 수 없다고 증명해 '**원래로 돌아가는 경로는 존재하지 않는다**'라는 답을 냈다.

한붓그리기의 포인트는 **모든 점에서 짝수 개의 선이 나올 것, 혹은 두 점에서만 홀수 개의 선이 나와야 한다**. 쾨니히스베르크 다리를 도형화한 것을 보면 모든 점에서 선이 홀수 개 나오기 때문에 한붓그리기는 불가능하다. 한붓그리기가 가능한 도형에는 '**오일러 그래프(오일러 회로)**'와 '**준 오일러 그래프(오일러 경로)**'가 있다[그림2].

경로로 생각한 한붓그리기의 조건

▶ 쾨니히스베르크 다리 문제 [그림1]

7개의 다리를 전부 한 번씩 건너 원래의 장소까지 돌아올 수 있을까?

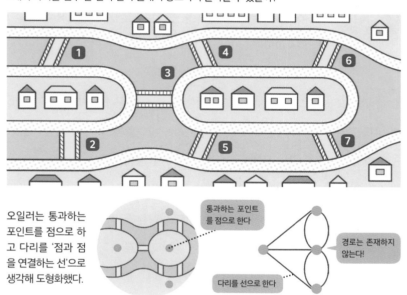

오일러는 통과하는 포인트를 점으로 하고 다리를 '점과 점을 연결하는 선'으로 생각해 도형화했다.

통과하는 포인트를 점으로 한다

다리를 선으로 한다

경로는 존재하지 않는다!

▶ 한붓그리기가 가능한 도형 [그림2]

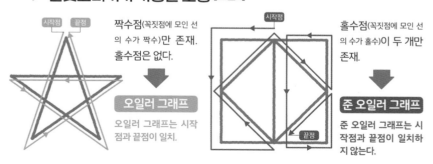

짝수점(꼭짓점에 모인 선의 수가 짝수)만 존재. 홀수점은 없다.

오일러 그래프

오일러 그래프는 시작점과 끝점이 일치.

시작점 끝점

시작점

끝점

홀수점(꼭짓점에 모인 선의 수가 홀수)이 두 개만 존재.

준 오일러 그래프

준 오일러 그래프는 시작점과 끝점이 일치하지 않는다.

48 체스판의 모든 칸에 말을 1번씩만 놓는 방법?

도형

순회 경로는 13조 가지 이상이나 존재!
시작점과 끝점이 일치하는 폐로 판정은 **어렵다!**

수학자 **오일러**는 고대 인도에서 발원했다는 '**기사 순회 문제(나이트 투어)**'라는 퍼즐 문제를 분석했다. 이것은 체스판 위에 기사(나이트)를 움직여 모든 칸을 한 번만 통과하는 경로를 찾는 문제다. 기사를 움직이는 방법은 한 칸을 비우고 대각선으로 움직이기 때문에 8가지. 대표적인 풀이 방법은 기사를 움직이는 방법에 ①~⑧의 순서를 붙여 ①의 움직임부터 순서대로 시험해 보는 것이다. ①로 움직일 수 있다면 ①을 계속하고, ①이 실패하면 돌아와 ②로 움직여 보고, ②가 성공하면 다음은 다시 ①의 움직임부터 시험해 본다.

판이 4×4칸 이하인 경우 답은 없다. 5×5칸의 판에서는 128가지, 6×6칸에서는 320가지다[그림1]. 실제 체스판인 **8×8칸에서는 무려 13조 가지 이상**이라고 한다.

기사 순회 경로에는 **시작점과 끝점이 일치하는 '폐로'**도 있다. 그래프 위 모든 점과 선을 한 번씩 통과하는 폐로를 '**오일러 폐로**', 그래프 위의 모든 점을 한 번씩 통과하는 폐로를 '**해밀턴 폐로**'라고 한다[그림2]. 기사 순회 문제에서 폐로를 구하는 것은 해밀턴 폐로를 구하는 것과 같다.

기사 순회 문제로 폐로를 찾는다

▶ 기사 순회 문제(6×6칸의 경우) [그림1]

말을 움직이는 방법

기사를 움직이는 방법은 8가지 있다.

해답 예

17	2	25	34	19	8
26	35	18	9	24	33
3	16	1	32	7	20
36	27	14	23	10	31
15	4	29	12	21	6
28	13	22	5	30	11

시작점과 끝점이 일치하는 '폐로'의 예.

▶ 해밀턴 폐로 [그림2]

그래프상의 모든 점을 한 번씩 통과
하는 경로 중 시작점과 끝점이 일치
하는 것.

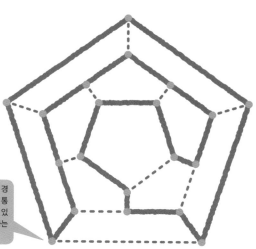

이 점을 시작점으로 한 경
우, 모든 점을 한 번씩 통
과해 여기로 돌아올 수 있
지만, 모든 변을 통과하는
것은 아니다.

1>0.9999…가 아니라, 1=0.9999…가 맞다?

수

그렇구나! 수학적으로는 0.9999…처럼 소수점 이하 9가 무한으로 계속되는 '순환소수'는 '1'로 생각한다!

0.9999…처럼 소수점 이하 9가 무한으로 반복되는 순환소수는 1보다도 작은 수 같다. 하지만 수학에서는 1=0.9999…다. 왜 그럴까?

$\frac{1}{3}$ 을 소수로 나타내면 0.3333…으로, 소수점 이하 3이 무한으로 반복된다. 이것을 2배 하면 $\frac{2}{3}$ =0.6666…이 된다. 3배 하면 $\frac{3}{3}$ =0.9999…가 되어야 하지만, $\frac{3}{3}$ =1이다. 따라서 1=0.9999…라고 설명할 수 있다[그림1].

그리고 '1=2'가 마치 참인 것처럼 보이게 하는 설명 방법도 있다. a=b라고 할 때, 양변에 a를 곱하면 a^2=ab가 된다. 양변에서 b^2를 빼고, 식을 정리하면 2a=a가 되어, 2=1이 된다는 결론을 도출할 수 있다. 이 설명 방법은 (a-b)로 나누는 부분이 틀렸다[그림2]. 어떤 수를 '0'으로 나누면 계산식은 성립하지 않고, 이 세상에 존재하지 않는 수가 되기 때문이다.

또한 ∞(무한)을 사용해 '1+∞=∞' '2+∞=∞'이라는 점에서 '1=2'라고 설명할 수 있는 것처럼 보이지만, 이 역시 무한과 자연수를 같은 계산 규칙으로 다루고 있기 때문에 틀렸다. '1=2'가 맞는 식처럼 보이게 하는 방법은 이 밖에도 많이 있지만, 모두 수학적으로는 틀렸다.

'1=0.9999⋯'와 '1=2'의 설명

▶ 수학적으로 '1=0.9999⋯'가 맞다? [그림1]

| 1 > 0.9999⋯ | ➡ | 수학적으로는 틀렸다? |
| 1 = 0.9999⋯ | ➡ | 수학적으로 맞다! |

1=0.9999⋯를 피자로 생각해 보면⋯

피자 1개를 3등분하면, 각각 $\frac{1}{3}$

$\frac{1}{3} = 0.3333⋯$이기 때문에

$\frac{1}{3} + \frac{1}{3} + \frac{1}{3} = 0.9999⋯$

따라서
0.9999⋯ = 1

▶ '1=2' 설명 방법과 오류 [그림2]

설명하는 방법

- a = b가 성립한다고 했을 때, 양변에 a를 곱하면 $a^2 = ab$가 된다.

- 양변에 b^2을 빼면 $a^2 - b^2 = ab - b^2$가 된다.

- $a^2 - b^2$은 $(a + b)(a - b)$로 인수분해할 수 있고, $ab - b^2$은 $b(a - b)$로 쓸 수 있다.

- $(a + b)(a - b) = b(a - b)$가 성립해, 양변을 $(a - b)$로 나누면, a + b = b가 된다.

- a = b이기 때문에 2a = a, 따라서 2 = 1이 된다.

0으로 나누는 것은 NG!

이 설명의 오류

a − b = 0인데 **0으로는 나눌 수 없어서** 틀렸다.

무한의 겉넓이와 유한의 부피를 가진 도형?

도형

 토리첼리의 트럼펫은 수학의 발산과 수렴이라는
개념에서 생겨난 역설!

무한이란 무엇을 의미할까? 수학에서 무한이라고 하면, '**끝없이 커지는 상태**'를 의미한다. 예를 들어, '1, 2, 3, …, n…'처럼 수가 1씩 무한으로 증가해가는 수열은 '$\lim\limits_{n\to\infty} n=\infty$'으로 나타내고, 수학적으로는 '**무한대로 발산한다**'라고 한다[그림1 왼쪽]. '$1, \dfrac{1}{2}, \dfrac{1}{3}, …, \dfrac{1}{n}…$'처럼 분모가 1씩 증가하는 분수가 무한으로 계속되는 수열은 '$\lim\limits_{n\to\infty} \dfrac{1}{n}=0$'으로 나타내며 n이 커질수록 한없이 '0'에 가까워진다. 이때 '**0에 수렴한다**'라고 하고, 수렴하는 값은 **수열의 '극한(극한값)'**이라고 부른다[그림1 오른쪽].

 이런 무한의 개념을 바탕으로 한 신기한 성질의 도형이 있다. 17세기 이탈리아 수학자 **토리첼리**가 발견한 '**토리첼리의 트럼펫**(별명: 가브리엘의 나팔)'이다. 일반적인 입체도형은 겉넓이가 무한으로 커지면, 부피도 무한으로 커진다. 하지만 토리첼리의 트럼펫은 **겉넓이는 무한하고, 부피는 유한**하다. 이 트럼펫 형태의 공간도형은 '$y=\dfrac{1}{x}$ (1≦x≦∞)'인 그래프 곡선을 x축으로 회전시켜 만들 수 있다. 트럼펫의 길이는 무한대로 늘릴 수 있지만, 미분, 적분을 사용해 계산하면 겉넓이는 발산, 부피는 수렴함을 알 수 있다[그림2].

유한과 무한이 결합된 도형

▶ '발산'과 '수렴' [그림1]

무한수열의 값은 '수렴'하지 않을 때 '발산'한다.

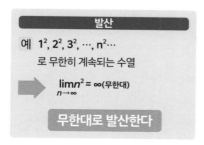

발산

예 $1^2, 2^2, 3^2, \cdots, n^2 \cdots$

로 무한히 계속되는 수열

$$\lim_{n \to \infty} n^2 = \infty (무한대)$$

무한대로 발산한다

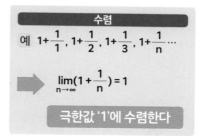

수렴

예 $1+\dfrac{1}{1}, 1+\dfrac{1}{2}, 1+\dfrac{1}{3}, 1+\dfrac{1}{n} \cdots$

$$\lim_{n \to \infty} (1+\dfrac{1}{n}) = 1$$

극한값 '1'에 수렴한다

▶ 토리첼리의 트럼펫 [그림2]

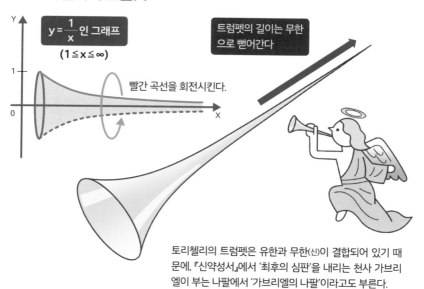

$y = \dfrac{1}{x}$ 인 그래프

$(1 \leqq x \leqq \infty)$

트럼펫의 길이는 무한으로 뻗어간다

빨간 곡선을 회전시킨다.

토리첼리의 트럼펫은 유한과 무한(신)이 결합되어 있기 때문에, 『신약성서』에서 '최후의 심판'을 내리는 천사 가브리엘이 부는 나팔에서 '가브리엘의 나팔'이라고도 부른다.

Q 무한한 방이 있지만 만실, 새 무한의 손님을 받을 수 있을까?

방이 무한 개 있는 호텔이 있다고 하자. 여기에는 손님이 무한 명 묵고 있다. 어느 날, 이 호텔에 무한의 손님이 왔다. 이미 호텔 객실은 무한의 손님으로 꽉 차 있는데, 새로운 무한의 손님이 머물 수 있을까?

독일의 수학자 **다비트 힐베르트**(1862~1943)가 고안한 **'힐베르트의 무한 호텔'**이라고 부르는 유명한 역설 문제로, 무한의 신기한 성질을 보여준다.

우선 무한의 손님이 머물고 있는 무한 호텔에 새로 손님이 한 명 오는 경우를 생각해 보자. 호텔은 이미 만실이다. 호텔 지배인은 호텔 손님에게 지금 있는 방 번호보다 1이 큰 방 번호로 방을 이동해 달라고 한다. 그러면 '1호실'이 공실이 되고, 새로운 손님은 그곳에 묵을 수 있다. 만약 10명, 100명처럼 **'유한'의 새로운 손님이 온다고 해도, 그 사람 수만큼 방을 이동하게 하면 공실을 만들 수 있다.**

하지만 이번 문제에서는 무한 호텔에 새롭게 '무한'의 손님이 온다. 이 경우는 어떻게 하면 될까?

이 경우 '1호실의 손님을 2호실로, 2호실의 손님을 4호실로…' 이렇게 객실 번호에 2배를 한 방(**짝수 번호의 방**)으로 이동하게 한다. 그러면 무한으로 있는 홀수 번호의 방이 공실이 된다. 이렇게 해서 새로운 무한의 손님을 홀수 방으로 안내하면 된다.

만실인 무한 호텔에 무한의 손님이 머무는 방법

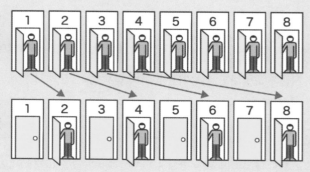

머물고 있는 무한의 손님은 자신 방 번호에 2배를 한 번호의 방으로 이동한다.

새로운 무한의 손님은 방 번호가 홀수인 무한의 공실로 이동한다.

실제로는 있을 수 없는 일이지만, 수학상의 이치로는 이렇게 된다. 따라서, 정답은 '받을 수 있다'가 된다.

51 아킬레스는 왜 거북이를 따라잡지 못할까?

그렇 구나! 따라잡을 때까지의 시간을 무한으로 세세하게 쪼개기 때문에 따라잡을 수 없다!

무한을 주제로 한 유명한 역설에 **'아킬레스와 거북이의 역설'**이 있다.

그리스 신화에 등장하는 발이 빠른 아킬레스가 앞서가는 거북이를 쫓는다. 아킬레스가 출발할 때 거북이는 A지점에 있다. 아킬레스가 A지점에 도달했을 때, 거북이는 조금 더 진행한 B지점까지 이동해 있다. 아킬레스가 B지점에 도달했을 때, 거북이는 C지점까지 이동했다. 이처럼 **아킬레스는 아무리 거북이가 있었던 지점에 도달해도, 거북이는 조금씩 앞서 있다.** 그래서 언제까지고 따라잡을 수 없다는 이야기다[오른쪽 그림].

상식적으로 생각해 보면 아킬레스는 거북이를 따라잡을 수 있어야 하지만, 따라잡지 못하는 논리도 맞게 느껴진다. 왜 그럴까? 바로 **'아킬레스가 따라잡지 못하는 이유는 따라잡기 직전까지의 시간'**으로 생각하기 때문이다. 앞으로 1초면 따라잡을 수 있는 거리가 되었을 때, 0.9초 후는? 그 0.09초 후는? 그 0.009초 후는?… 하고 무한으로 시간을 세세하게 쪼개 영원히 따라잡지 못하게 한다. 하지만 0.9+0.09+0.009+… 하고 무한으로 더하면 답은 한없이 '1'에 가까워지게 **수렴**한다. 즉, 세세하게 나눈 수를 무한으로 더하면 **유한값**에 가까워진다는 이야기다.

무한을 주제로 한 역설

▶ 아킬레스와 거북이의 역설

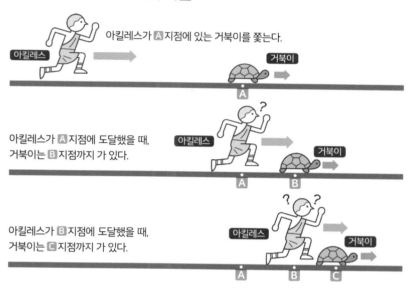

아킬레스가 A 지점에 있는 거북이를 쫓는다.

아킬레스가 A 지점에 도달했을 때, 거북이는 B 지점까지 가 있다.

아킬레스가 B 지점에 도달했을 때, 거북이는 C 지점까지 가 있다.

아킬레스가 거북이를 1초 후에 D 지점에서 따라잡는다고 한다면…

0.9초 후	0.9초+0.09초 후
앞으로 0.1초 후에 따라잡을 수 있지만, 아직 따라잡지는 못했다.	앞으로 0.01초 후에 따라잡을 수 있지만, 아직 따라잡지는 못했다.

B ←—— 0.9초 ——→ ←0.1초→ D

시간을 세세하게 나누어서 영원히 따라잡을 수 없다!

B ←—— 0.99초 ——→ ← D
0.01초

수식으로 표현하면… ➡ $\lim_{n \to \infty}(1 - \dfrac{1}{10^n}) = 0.9 + 0.09 + 0.009 + \cdots = 1$

52
수

아름다운 수학 패턴,
파스칼의 삼각형이란?

그렇구나! 이항정리의 계수를 삼각형 모양으로 늘어놓은 것으로 다양한 수학적 성질이 숨어 있다!

2^3(=2×2×2) 등 같은 수를 반복해서 곱하는 것을 **거듭제곱**이라고 한다. 그리고 식을 거듭제곱한 경우, 즉 $(x+y)^2$처럼 **n승의 식을 전개할 때의 정리**를 '이항정리'라고 한다. n=2인 경우 $(x+y)^2=x^2+2xy+y^2$가 되고, **계수**(문자 앞에 붙은 수)는 '1, 2, 1'이 된다. n=3인 경우는 $(x+y)^3=x^3+3x^2y+3xy^2+y^3$가 되고, 계수는 '1, 3, 3, 1'이 된다. 이 **이항정리의 계수를 삼각형 모양으로 늘어놓은 것을 '파스칼의 삼각형'**이라고 한다. 수학자 **파스칼**이 연구했기 때문에 이런 이름이 붙었는데, 고대부터 연구되어온 정리다.

파스칼의 삼각형은 '**수학에서 가장 아름다운 패턴**'이라고 하며 이웃하는 두 수의 합이 바로 아래에 있는 수가 된다[오른쪽 그림]. 또한 각단의 첫 번째와 마지막은 '1'이고 각단의 두 번째에는 '1, 2, 3, 4, …'처럼 **자연수**가 나온다. 각단 세 번째에 놓인 수는 '1, 3, 6, 10, 15, …'는 **삼각수**(점을 삼각형 형태로 늘어놓을 때의 점의 총수)가 나타나고, 각단 네 번째에는 **사면체수**(점을 정사면체 형태로 늘어놓을 때 점의 총수)가 나타난다. 또한 대각선으로 수를 더해 보면 **피보나치 수열**이 나타나는 등 다양한 수학적 성질이 숨어 있다.

많은 수학적 성질이 숨어 있는 삼각형

▶ 파스칼의 삼각형

이항정리의 계수를 삼각형 모양으로 늘어놓은 것으로, 다양한 성질이 나타난다.

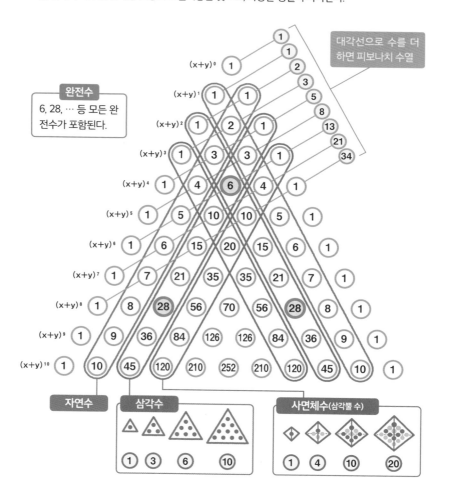

대각선으로 수를 더하면 피보나치 수열

완전수
6, 28, … 등 모든 완전수가 포함된다.

자연수

삼각수

사면체수(삼각뿔 수)

53 소수를 정다각형으로 작도할 수 있을까?

도형

계산으로 정십칠각형을 그리는 방법을
젊은 날의 천재 수학자 가우스가 발견했다!

정삼각형이나 정사각형, 정육각형 정도라면 **자와 컴퍼스를 사용해 작도**할 수 있겠지만, 복잡한 정다각형은 어떻게 작도할까? 정삼각형, 정사각형, 정오각형 등 정다각형은 작도가 가능한데, 19세기까지는 소수의 정다각형(정소수각형) 중 작도가 가능한 것은 **정삼각형과 정오각형** 두 가지뿐이었다. 하지만 1796년 3월 30일 아침, 19세였던 천재 수학자 **가우스**가 침대에서 일어난 순간에 **정십칠각형**을 그리는 방법을 생각해냈다.

이때 가우스는 **원을 17등분 한 각인 코사인 '$\cos\dfrac{2\pi}{17}$'를 사칙연산과 루트($\sqrt{}$) 만으로 표현할 수 있다**고 보여줌으로써 정십칠각형을 작도할 수 있다는 것을 증명했다[오른쪽 그림]. 그후 정십칠각형을 작도하는 다양한 방법이 발견되었다.

가우스는 작도할 수 있는 정소수각형은 17세기 프랑스의 수학자 **페르마**가 발견한 '**페르마의 소수**'와 관계 있다는 것도 증명했다. 페르마 소수는 '$2^{2n}+1$(n은 자연수)'로 표현하는 소수로, '3, 5, 17, 257, 65537' 5개가 알려졌다. 즉, 정소수각형으로 자와 컴퍼스만으로 작도할 수 있는 것은 이 5개뿐이다.

정십칠각형을 작도하는 방법

▶ 가우스가 발견한 정십칠각형 작도 방법

실제 작도 순서는 복잡하기 때문에 생략.
여기서는 방법을 설명한다.

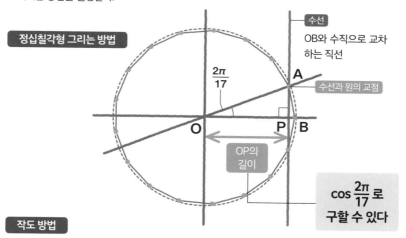

정십칠각형 그리는 방법

수선
OB와 수직으로 교차
하는 직선

$\dfrac{2\pi}{17}$

A

수선과 원의 교점

O   P B

OP의
길이

$\cos \dfrac{2\pi}{17}$ 로
구할 수 있다

작도 방법

- OP의 길이는 $\cos \dfrac{2\pi}{17}$ 라는 식으로 구할 수 있다.
- P를 통과하는 수선을 그으면, 원과 만나는 점A는 정십칠각형의 꼭짓점이 된다.
- OP의 연장선과 원이 교차하는 점B와 점A를 잇는 직선은 정십칠각형의 한 변이 된다.
- 위의 직선과 같은 간격으로 표시를 하면 정십칠각형을 작도할 수 있다.

수식으로 표현하면

$$\cos \frac{2\pi}{17} = \frac{1}{16}\left(-1 + \sqrt{17} + \sqrt{34 - 2\sqrt{17}} + 2\sqrt{17 + 3\sqrt{17} - \sqrt{170 + 38\sqrt{17}}}\right)$$

▷ 사칙연산과 $\sqrt{}$ 로 표현이 가능하다면 작도할 수 있다!

54
도형

'이각형'이 가능할까?
구의 신기한 성질

그렇구나! 구면에서는 이각형이 가능하기도 하고,
삼각형의 내각의 합이 180°보다 커지기도 한다!

구란, 공간에서 어떤 한 점(중심)에서 같은 거리에 있는 점들의 집합을 말한다. 실은 구면에서는 평면에서 정의한 기하학(도형이나 공간에 대한 수학), 즉 유클리드 기하학이 통하지 않는 신기한 성질이 나타난다. 이를 **구면 기하학**이라고 부른다. 이 구의 신기한 성질을 살펴보자.

구는 어디서 보든 원형이며 구의 어떤 부분을 평면으로 자르든 잘린 단면은 원이다. 만약 구의 중심을 통과하도록 자른다고 해 보자. 구의 중심을 지나도록 자르면 단면인 원은 최대 크기가 되고, 그 원을 **대원**이라고 부른다. 반지름 r인 구의 겉넓이는 $4\pi r^2$, 부피는 $\frac{4}{3}\pi r^3$으로 구한다.

구의 표면에 두 개의 직선(두 점 사이의 최단 거리를 잇는 선으로, 대원과 같다)을 그려 늘리면 반드시 구면상에서 교차하고 반대 측에서도 교차한다. 이때, **꼭짓점 두 개와 변 두 개를 가진 '이각형'**이 만들어진다[그림1].

또한 구면상에 삼각형을 그리면 평면에서 그린 삼각형보다 부풀어 오르기 때문에 **내각의 합이 180°보다 커진다**. 구를 수평으로 2등분하고 위에서 4등분하면 각각의 내각이 90°, **내각의 합이 270°인 정삼각형**이 만들어진다[그림2].

구면에서의 도형의 성질

▶ 구의 표면에 만들어지는 '이각형' [그림1]

구의 중심을 지나는 단면을 '대원'이라고 한다.

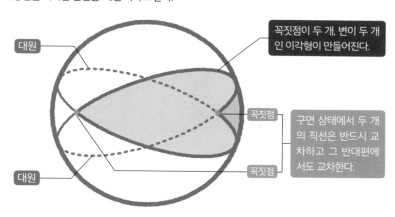

대원

꼭짓점이 두 개, 변이 두 개인 이각형이 만들어진다.

꼭짓점

구면 상태에서 두 개의 직선은 반드시 교차하고 그 반대편에서도 교차한다.

대원

꼭짓점

▶ 구면상의 '삼각형'의 성질 [그림2]

구를 수평하게 2등분, 제일 위에서 4등분하면 삼각형 ABC는 정삼각형이 되고, 내각은 각각 90°(내각의 합은 270°)가 된다.

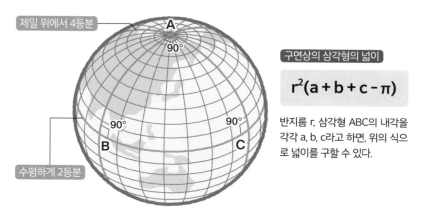

제일 위에서 4등분

A

90°

90°

90°

B

C

수평하게 2등분

구면상의 삼각형의 넓이

$$r^2(a + b + c - \pi)$$

반지름 r, 삼각형 ABC의 내각을 각각 a, b, c라고 하면, 위의 식으로 넓이를 구할 수 있다.

직감적으로 납득할 수 없다? '몬티 홀 문제'

미국의 TV 방송에 방영되어 커다란 반향을 일으킨 문제다. 직감적으로 납득할 수 없는 사람이 많은 확률 문제로 유명하다.

1 세 개의 문 **A B C**가 있고, 한쪽에 당첨 상품이 들어 있다. 도전자는 문을 하나 선택한다.

선택해주세요.

사회자

B로 하겠습니다!

도전자

2 사회자(몬티 홀)는 답을 알고 있으며, 남은 문 두 개 중에서 꽝을 선택해 연다.

A는 꽝입니다.

사회자

두 개 중 하나는 맞겠군

도전자

3 사회자는 도전자에게 '다른 문으로 바꾸겠습니까? 바꾸지 않겠습니까?'라고 묻는다. 이때 바꾸어야 할까, 바꾸지 말아야 할까?

문을 바꾸겠습니까?

사회자

바꾸면 확률이 올라갈까?

도전자

남은 문은 **B**와 **C**. 맞힐 확률은 $\frac{1}{2}$. 문을 바꾸어도 바꾸지 않아도 확률은 똑같다고 생각한다. 하지만 **처음 문을 선택하는 단계부터 생각하면, 올바른 확률이 보인다.** 처음부터 생각해 보자.

문을 바꾸지 않을 경우 확률 ⟶ 처음부터 $\frac{1}{3}$

문을 바꿀 경우 확률 (B가 당첨이라고 했을 때)

- 처음에 **A**로 선택한 경우 ⟶ 사회자는 **C**를 열고, 도전자는 **B**로 바꾸어 당첨

- 처음에 **B**로 선택한 경우 ⟶ 사회자는 **A**나 **C**를 열고, 도전자는 **A**나 **C**로 바꾸어 꽝

- 처음에 **C**로 선택한 경우 ⟶ 사회자는 **A**를 열고, 도전자는 **B**로 바꾸어 당첨

A **B** **C** 어떤 문에 당첨 상품이 들어 있다고 해도, 문을 바꾸면 확률은 $\frac{2}{3}$ 가 된다. 즉, 세 개의 문 중에서 '꽝'을 맞힐 확률이 당첨 상품을 고를 확률이 된다.

이것으로 **문을 바꾸면 맞힐 확률은 $\frac{1}{3}$에서 $\frac{2}{3}$로 높아진다.**

55

로열 스트레이트 플러시가 나올 확률은?

그렇 구나!

종류는 4가지. 52장의 카드에서 5장을 골라 조합한 수로 나누면 확률이 나온다.

카드 포커 게임에서 최강의 패는 모양이 같은 '10' 'J' 'Q' 'K' 'A' 카드 5장을 모두 뽑는 '**로열 스트레이트 플러시**'다. 이 패가 나올 확률은 어느 정도일까?

확률이란 사건이 일어날 경우의 수를 모든 경우의 수로 나누어서 구한다. 확률에는 **순서를 붙여서 배열하는 '순열'과 순서에 상관없이 선택하는 '조합**'이 있다. 5명에서 3명을 선택해 1열로 정렬하는 것은 '순열', 5명에서 3명을 선택해 팀을 짜는 것은 '조합'이다[그림1].

카드는 같은 모양의 카드가 13장씩 총 52장 있다. 여기서 5장을 꺼내 순서대로 나열하는 방법은 52×51×50×49×48=3억1187만5200가지. 하지만, 꺼낸 5장은 순서에 상관없는 **조합**이다. 5장의 카드 조합은 120가지다. 즉, 52장에서 5장을 선택해 조합하는 것은 3억1187만5200÷120=259만8960가지다.

로열 스트레이트 플러시는 ♠◆♥♣의 모양마다 있으니 4가지가 있다. **패가 나올 확률은 4÷259만8960×100≒0.00015%**가 된다[그림2]. 즉, **약 65만 회에 1번**이 된다.

확률의 순열과 조합

▶ 순열과 조합 공식 [그림1]

순열 공식 n개 중에서 k개를 선택해 순서대로 나열하는 배열.

$$_nP_k = \frac{n!}{(n-k)!}$$

!은 팩토리얼(n부터 1까지의 모든 정수를 곱한 값)

예 5명에서 3명을 선택해 일렬로 줄 세우는 방법은…

$$_5P_3 = \frac{5!}{(5-3)!} = \frac{5\times4\times3\times2\times1}{2\times1} = \boxed{60가지}$$

조합 공식 n개 중에서 k개를 순서에 상관없이 선택하는 배열.

$$_nC_k = \frac{n!}{k!(n-k)!}$$

예 5명에서 3명을 선택해 팀을 만드는 방법은…

$$_5C_3 = \frac{5!}{3!(5-3)!} = \frac{5\times4\times3\times2\times1}{3\times2\times1\times2\times1} = \boxed{10가지}$$

▶ 로열 스트레이트 플러시가 나올 확률 [그림2]

로열 스트레이트 플러시의 패

4가지

52장에서 5장을 선택하는 조합의 수

$$_{52}C_5 = \frac{52!}{5!(52-5)!}$$

패가 나올 확률

$$4 \div \frac{52!}{5!\,47!} = \frac{4\times5\times4\times3\times2\times1}{52\times51\times50\times49\times48} = \boxed{\frac{1}{649740}}$$

56

수

숫자 형식의 복권,
당첨될 확률은?

숫자를 선택하는 형식은 '조합'으로,
선택해 배열하는 형식은 '경우의 수'로 계산!

복권을 살 때는 당첨될 가능성이 있지 않을까 기대하게 된다. 로또처럼 **좋아하는 숫자를 고르는 형식의 복권은 당첨 확률을 계산할 수 있다.**

로또6/45는 1~45까지 숫자 45개 중에서 6개를 선택하는 것이다. 당첨 확률을 계산하기 위해서는 '**조합**'을 사용한다. 조합 공식은 '$_nC_k = \dfrac{n!}{k!(n-k)}$'며, 조합 패턴은 $_{45}C_6 = 814$만5060가지다. 즉, 로또의 **당첨 확률은 약 800만분의 1**이라는 값이다[그림1].

또한 0~9까지 숫자 10개에서 3개(혹은 4개) 선택해 순서대로 배열하는 복권의 당첨 확률도 생각해 보자.

이 종류의 복권은 '115' '222' 등 선택한 숫자가 중복되는 경우가 있기 때문에, '**경우의 수**(어떤 일이 발생하는 수)'를 사용해 계산한다. 경우의 수는 예를 들면, 주사위를 3번 던졌을 때 나오는 눈의 배열의 총수라면 6×6×6=216가지라고 계산한다. 3행 숫자의 '경우의 수'는 10×10×10=1000가지이기 때문에, 당첨 확률은 **1000분의 1**이 된다[그림2].

복권에 당첨될 확률 계산

▶ 좋아하는 숫자를 선택하는 형식의 확률 계산 [그림1]

로또   1~45 숫자 중에서 숫자 6개를 선택하는 조합 패턴

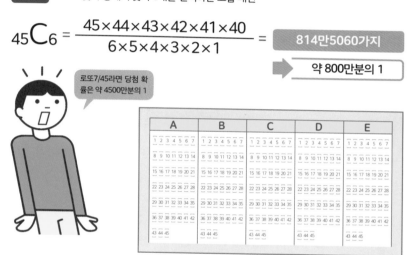

$$_{45}C_6 = \frac{45 \times 44 \times 43 \times 42 \times 41 \times 40}{6 \times 5 \times 4 \times 3 \times 2 \times 1} = \boxed{814만5060가지}$$

약 800만분의 1

로또7/45라면 당첨 확률은 약 4500만분의 1

A	B	C	D	E
1 2 3 4 5 6 7	1 2 3 4 5 6 7	1 2 3 4 5 6 7	1 2 3 4 5 6 7	1 2 3 4 5 6 7
8 9 10 11 12 13 14	8 9 10 11 12 13 14	8 9 10 11 12 13 14	8 9 10 11 12 13 14	8 9 10 11 12 13 14
15 16 17 18 19 20 21	15 16 17 18 19 20 21	15 16 17 18 19 20 21	15 16 17 18 19 20 21	15 16 17 18 19 20 21
22 23 24 25 26 27 28	22 23 24 25 26 27 28	22 23 24 25 26 27 28	22 23 24 25 26 27 28	22 23 24 25 26 27 28
29 30 31 32 33 34 35	29 30 31 32 33 34 35	29 30 31 32 33 34 35	29 30 31 32 33 34 35	29 30 31 32 33 34 35
36 37 38 39 40 41 42	36 37 38 39 40 41 42	36 37 38 39 40 41 42	36 37 38 39 40 41 42	36 37 38 39 40 41 42
43 44 45	43 44 45	43 44 45	43 44 45	43 44 45

▶ 숫자를 선택해 배열하는 형식의 확률 계산 [그림2]

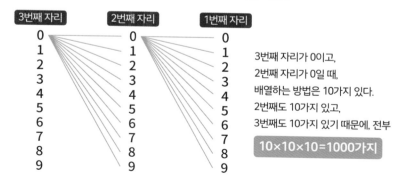

3번째 자리	2번째 자리	1번째 자리
0	0	0
1	1	1
2	2	2
3	3	3
4	4	4
5	5	5
6	6	6
7	7	7
8	8	8
9	9	9

3번째 자리가 0이고,
2번째 자리가 0일 때,
배열하는 방법은 10가지 있다.
2번째도 10가지 있고,
3번째도 10가지 있기 때문에, 전부

10×10×10=1000가지

57 주사위 눈의 평균? 대수의 법칙이란?

그렇구나! 주사위를 던지는 횟수를 늘릴수록
평균값이 3.5에 가까워진다는 법칙!

주사위를 던졌을 때, 각각의 눈이 나올 확률은 $\frac{1}{6}$이다. 그렇다면 주사위 눈의 평균은 얼마일까? 평균값을 계산하면 $\frac{1+2+3+4+5+6}{6}$ =3.5가 된다. 하지만 실제로 주사위를 10번 던져 보면 합계 값은 38, 평균값은 3.8이 되기도 한다. 이것은 각각의 눈이 나올 확률이 $\frac{1}{6}$이 아니라는 의미다. 과연 원인이 무엇일까?

위의 예에서 주사위 눈의 평균값이 3.5가 아니었던 이유는 주사위를 던진 횟수가 적었기 때문이다. 던지는 횟수를 100번, 1000번, 10000번으로 늘리면 **평균값(기댓값)은 3.5에 가까워진다.** 주사위뿐만 아니라 동전 던지기를 할 때도 반복해서 던지면 앞면이나 뒷면이 나올 확률은 각각 $\frac{1}{2}$에 가까워진다. 이것을 '**대수의 법칙**'이라고 하며 16세기 수학자 **야코프 베르누이가 정식화**했다.

대수의 법칙은 확률론이나 통계학의 기초 정리 중 하나다. 예를 들면, 자동차의 사고 발생률을 조사하는 경우 운전자라는 **모집단**에서 무작위로 몇 명의 운전자를 **표본**으로 추출한다. 그리고 사고 발생률을 몇 번 반복해서 조사하면, 운전자 전체의 사고 발생률을 예측할 수 있다[오른쪽 그림]. 이처럼 대수 법칙은 **보험 등의 금융상품 설계**와 깊은 관련이 있는 개념이다.

모집단의 평균을 예측하는 방법

▶ 보험에 이용하는 '대수 법칙'

자동차 사고 발생률을 간략화한 모델을 살펴보자.

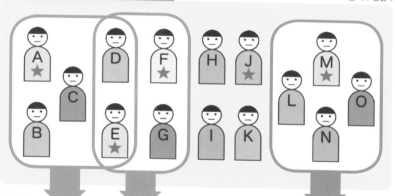

모집단(운전자 전체)

★은 사고 경험자

표본	표본	표본
A, B, C, D, E, 5명을 추출한 결과 두 명이 사고 경험자	D, E, F, G, 4명을 추출한 결과 두 명이 사고 경험자	L, M, N, O, 4명을 추출한 결과 한 명이 사고 경험자
표본 평균 $\dfrac{2}{5}$	표본 평균 $\dfrac{2}{4}$	표본 평균 $\dfrac{1}{4}$

모집단에서 표본을 몇 개 추출해, 표본의 평균을 반복해서 산출하면, **모집단의 평균**(모평균)을 예측할 수 있다!

누가 사고를 일으킬지 예측할 수는 없지만 **사고 발생률**을 예측할 수 있어서 **보험료를 산출**할 수 있다!

**궁금해? 궁금해!
수학
④**

Q 23명의 팀에 생일이 같은 사람이 있을 확률은 몇 %?

약10% or **약30%** or **약50%** or **0**

새해를 맞아 어느 회사에 새로운 팀이 생겼다. 팀의 인원은 23명. 자기소개할 때 각자 자신의 생일을 말하기로 했다. 팀원 중에 생일이 같은 사람이 있을 확률은 몇 %가 될까?

'생일이 같은 사람이 적어도 두 사람은 있다'라는 확률은 **'생일이 같은 사람이 반드시 있다'의 확률인 '1(100%)'에서 '생일이 같은 사람이 한 명도 없다'의 확률을 빼면** 나온다.

1년을 365일(윤년은 고려하지 않는다)이라고 하면, 생일은 전부 365가지다. A와 B 두 사람으로 생각하면 B의 생일이 A의 생일과 다른 경우는 364가지다. 이것으로 A와 B의 생일이 다를 확률은 $\frac{364}{365}$(약 99.7%)다. 다음으로 세 번째 C가 추가된 경우를 생각해 보자. C의 생일이 A, B, 모두와 다를 경우는 365에서 두 명의 생일을 뺀 363가지다. 이 확률을 계산하면 $\frac{363}{365}$(약 99.5%)이 된다. A, B, C, 세 사람 모두 생일이 다를 확률까지 구해 보면 $\frac{364}{365} \times \frac{363}{365}$(약 99.2%)이 된다. 이처럼 생일이 다를 확률은 $\frac{364}{365} \times \frac{363}{365} \times \frac{362}{365}$ …처럼 분자를 **1씩 줄인 수를 365로 나눈 값에 사람 수만큼 곱해 계산한다.**

그렇다면 23명인 경우를 생각해 보자. **23번째가 다른 22명과 생일이 다를 확률은 (365-22)÷365다.**

23명일 때 계산식

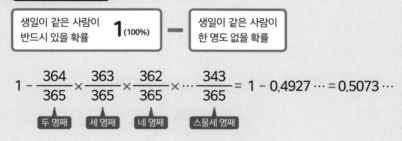

이것으로 23명의 팀에 생일이 같은 사람이 한 명도 없을 확률은 0.4927…가 된다. **이 값을 1에서 빼면 생일이 같은 사람이 있을 확률이 나온다.** 즉, 0.5073… =약 50%가 정답이다. 참고로 팀의 인원이 35명일 때는 약 81%, 40명일 때는 약 89%가 된다. 의외로 확률이 높다.

58 수

원숭이가 『햄릿』을 쓴다고?
무한 원숭이 정리란?

무한으로 살 수 있는 원숭이가 있다고 한다면,
이론상으로는 원숭이도 『햄릿』을 쓸 수 있다!

만약 **무한으로 살 수 있는 원숭이**가 컴퓨터 키보드를 마구 쳐대면 셰익스피어 작품의 문장을 쓸 수 있을까? 답은 '**가능하다**'다. 이것을 '**무한 원숭이 정리**'라고 한다.

무한 원숭이 정리는 이른바 '**사고 실험**' 중 하나이며, '**오랜 시간에 거쳐 한 문자씩 랜덤하게 친다면 어떤 문자열이라도 만들어 낼 수 있다**'라는 것이다.

무한으로 살 수 있는 원숭이가 있다고 하고 '**hamlet**'이라는 6개 문자를 치는 것이 목표라고 하자. 컴퓨터 키보드의 키는 대략 100개라고 치면 처음에 바르게 키 'h'를 칠 확률은 $\frac{1}{100}$이 된다. 계속 문자를 바르게 칠 확률도 각각 $\frac{1}{100}$이기 때문에, 6개 문자를 연속으로 바르게 칠 확률의 계산식은 $\frac{1}{100} \times \frac{1}{100} \times \frac{1}{100} \times \frac{1}{100} \times \frac{1}{100} \times \frac{1}{100}$이 되어 답은 1조분의 1이 된다. 즉, **원숭이가 랜덤하게 1조 번 키보드를 두드리면 'hamlet'이라는 문자열을 칠 수 있다**[오른쪽 그림].

이 결과는 무한에 가까운 시간이 있다고 하면 원숭이가 『햄릿』의 문장을 써내는 것도 가능하다는 의미다. **무한의 시간이나 수를 상정하면 어떤 낮은 확률일지라도 가능하다.**

무한과 관련된 확률론

▶ 원숭이가 컴퓨터로 'hamlet'이라고 칠 확률

예 키보드 키가 100개인 경우

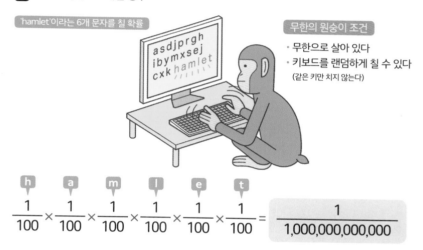

'hamlet'이라는 6개 문자를 칠 확률

asdjprgh
ibymxsej
cxk hamlet

무한의 원숭이 조건

• 무한으로 살아 있다
• 키보드를 랜덤하게 칠 수 있다
(같은 키만 치지 않는다)

h a m l e t

$$\frac{1}{100} \times \frac{1}{100} \times \frac{1}{100} \times \frac{1}{100} \times \frac{1}{100} \times \frac{1}{100} = \frac{1}{1,000,000,000,000}$$

100개 문자를 바르게 치기 위한 시간   1초에 10만 자를 치는 원숭이라고 한다면…

필요한 시간

100억
×
1무량대수
×
1000경 년

⬇

『햄릿』 전문을 바르게 쳐낼 가능성은 수학 이론상 불가능하지는 않지만, 실제로는 영원에 가까운 시간이 걸린다!

59
수

도레미파솔라시도는 숫자로 만들어졌다?

그렇구나! 음계를 결정하는 현의 길이에는 수학적 법칙이 있다.
음의 디지털화에도 수학을 응용한다!

실은 음악과 수학은 밀접한 관계가 있다. 고대 그리스 수학자 **피타고라스**는 '도레미파솔라시도' 음계에 숨겨진 수학적 법칙을 발견했다. 기타 등의 현을 튕길 때, 현의 길이를 $\frac{2}{3}$로 하면 음이 5도 높아지고, 현의 길이를 절반으로 하면 1옥타브 높은음이 된다. 즉, '도' 음을 내는 현의 길이를 $\frac{2}{3}$로 하면 '솔'이 되고, $\frac{1}{2}$로 하면 높은 '도'가 된다. 이 법칙을 **'피타고라스 음률'**이라고 부른다.

음이란 **공기 중으로 전달되는 진동(음파)**을 말하며, **1초 동안의 진동수를 '주파수'**라고 하고 **Hz(헤르츠)라는 단위**로 나타낸다. 주파수가 클수록 높은음이고 작을수록 낮은음이다[그림1]. 현재의 음계는 **440Hz의 '라' 음을 기준 음으로** 국제적으로 정했다.

또한 우리가 평소 귀로 듣는 음은 다양한 음(주파수)이 섞인 **복합음**이지만, CD나 스마트폰 등으로 듣는 음은 복합음을 기본적인 파형인 **'순음(정현파)'으로 분해해 디지털 신호로 변환**한 것이다. 주파수를 순음으로 분해할 때, 18세기 말의 프랑스 수학자 **푸리에**가 주장한 **'푸리에 변환'**을 사용한다[그림2].

음악에 숨어 있는 수학적 법칙

▶ 피타고라스 음률과 주파수 [그림1]

현의 길이와 음계와의 관계 현의 길이와 음계에 수학적 법칙이 있다.

낮은 **도** ━━━━━━━━━━━━━━━━ 현의 길이

솔 ━━━━━━━━━━━ 낮은 도 현의 길이의 $\frac{2}{3}$

높은 **도** ━━━━━━━ 낮은 도 현의 길이의 $\frac{1}{2}$

주파수 진폭이 클수록 음은 커지고, 파장이 짧을수록 음은 높아진다.

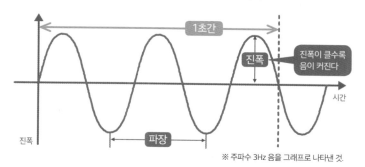

1초간

진폭

진폭이 클수록 음이 커진다

시간

진폭

파장

※ 주파수 3Hz 음을 그래프로 나타낸 것.

▶ 푸리에 변환을 이용한 음의 분해 [그림2]

푸리에 변환(주파 함수라면 삼각함수의 중첩으로 나타낸다)으로 복합음을 순음의 조합으로 나타낸다.

복합음

다양한 음이 섞인 상황

푸리에 변환으로 순음으로 분해

순음 A

순음 B

순음 C

수학 퀴즈 ⑦

바이러스 검사는 확실할까? 양성검사의 역설

심각한 병을 일으키는 바이러스가 퍼지고 있다. 이때 검사를 받았는데 '양성'이라는 결과가 나왔다면 감염된 게 확실할까?

1만 명에 1명꼴(0.01%)로 인간에게 전염되는 바이러스가 있다. A 씨는 이 바이러스에 감염되었는지 아닌지 검사를 받았는데 '양성'이라는 결과가 나왔다. 검사의 정확도는 99%다. A 씨가 실제로 감염되었을 확률은 몇 %일까?

10000명 중 1명

검사 결과

답 과 풀이

검사의 정확도는 99%. '양성'이기 때문에 99%의 확률로 감염되었다고 생각하기 쉽다. 하지만 '1만 명당 한 명이 바이러스에 감염된다'라는 첫 조건을 고려해보자. 100만 명 있다면 100명이 바이러스에 감염되고, **감염되지 않은 사람이 99만9900명** 있다는 의미다.

감염자 100명을 검사

바르게 '양성'이라고 판정된 사람 수 ⟶ **99명**
잘못 '음성'이라고 판정된 사람 수 ⟶ **1명**

비감염자 99만9900명을 검사

바르게 '음성'이라고 판정된 사람 수 ⟶ **98만9901명**
잘못 '양성'이라고 판정된 사람 수 ⟶ **9999명**

양성이라고 판정된 사람의 총수

⟶ **99명 + 9999명 = 10098명**

이 중 실제로 감염된 사람은 99명이다. 따라서 '양성'이라고 판정된 사람 중에 **A 씨가 실제로 감염되었을 확률은 99÷10098=0.00980···. 즉, '약 1%'다.** 1만 명 중 1명이 감염되는 것처럼 감염률이 낮은 바이러스는, 검사에서 '양성'이라고 판정되어도 실제로 감염되지 않았을 가능성이 상당히 높다.

법칙과 단위에 이름을 남긴 '타고난 수학자'
카를 프리드리히 가우스
(1777-1855)

독일에서 벽돌공의 아들로 태어난 가우스는 말보다도 수를 먼저 셌고, 3세 때 아버지 장부의 계산 실수를 지적했다고 한다. 어렸을 때 '1부터 100까지의 수를 더하시오'라는 문제에 '1+100=101, 2+99=101, ⋯ 50+51=101처럼 합계가 101인 세트가 50개 있으니 답은 101×50=5050'라고 순식간에 풀었다고 한다.

15세 때는 소수가 출현하는 대략의 패턴을 나타내는 '소수 정리'를 예상. 이 예상은 약 100년 후에 증명되었다. 19세 때 정십칠각형 작도 방법을 발견했고 수학자가 되고자 결심했다. 30세부터 괴팅겐 대학의 천문대장과 수학 교수가 되어 대수학의 기본 정리 증명과 정수론의 체계화, 최소 이진법의 발견 등, 걸출한 업적을 많이 남겼다.

수학 이외에서도 업적을 남겼는데, 천문학에서는 소행성 세레스의 궤도를 산출하고 물리학에서는 전자기 성질을 해명했다. 수학과 물리학에서는 '가우스 정리', '가우스 적분', '가우스 법칙', 자속 밀도 단위 '가우스' 등 가우스의 이름에서 유래한 법칙과 단위가 많다. 가우스의 유고에서도 시대를 앞선 연구 성과가 다수 발견되었다고 한다.

제 **4** 장

내일 이야기하고 싶어지는

수학
이야기

미분, 적분, 페르마의 마지막 정리, 오일러 공식…. 들어 보긴 했지만 전혀
모르는 수학의 이것저것. 본문의 요점, 일러스트, 도해로도 확인해 보고,
수학의 매력 중 한 부분을 접해 보자.

60 통계는 믿을 수 있을까?
심슨의 역설

그렇구나! 통계 결과는 '전체를 보는가', '부분을 보는가'로 전혀 다르게 해석할 수 있다!

어떤 것을 조사하고 수치로 데이터화한 것을 '**통계**'라고 한다. 통계 결과는 엄밀하며 옳다고 생각하기 쉽지만, '**전체로 보는가**', '**부분으로 보는가**'에 따라 전혀 다른 해석이 성립하는 경우가 있어서, 통계 결과를 이용해 타인을 속이기도 한다. 이것이 영국의 통계학자 **심슨**이 제시한 '**심슨의 역설**'다.

예를 들어 보자. A고등학교와 B고등학교 학생 100명이 같은 테스트를 받은 결과 A학교 남학생(80명)의 평균 점수는 60점, 여학생(20명)은 80점, B학교 남학생(50명)의 평균점수는 55점, 여학생(50명)은 75점이다. **남학생과 여학생 모두 A고등학교가 평균점수가 높기 때문에** A고등학교가 우수해 보인다. 하지만 전체 평균 점수로 비교해 보면 B고등학교가 1점 높다[오른쪽 그림]. '전체 평균 점수'라는 통계 결과를 접하지 않으면, A고등학교는 '우리 학교가 B고등학교보다 우수하다'라고 말하는 것도 가능하다.

테스트 성적 이외에도 예를 들어, 의료 현장에서 **치료 성과**나 공장에서 **불량품 발생률** 등의 통계 결과는 자신에게 유리하게 이용할 수 있다. 통계의 '**결과**'와 '**해석**'은 엄밀하게 구별할 필요가 있다.

부분과 전체로 달라지는 통계 결과

▶ 심슨의 역설이란?

A고등학교와 B고등학교 각각 학생 100명이 같은 테스트를 받았다고 하자.

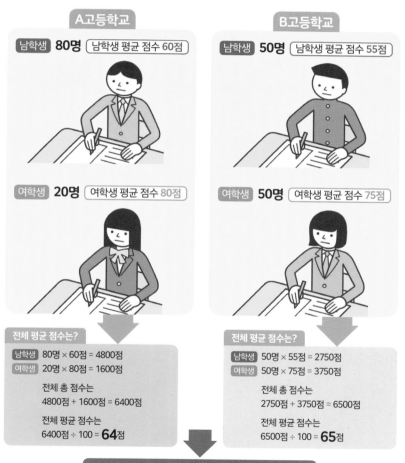

A고등학교

남학생 **80명** 〔남학생 평균 점수 60점〕

여학생 **20명** 〔여학생 평균 점수 80점〕

전체 평균 점수는?
남학생 80명 × 60점 = 4800점
여학생 20명 × 80점 = 1600점

전체 총 점수는
4800점 + 1600점 = 6400점

전체 평균 점수는
6400점 ÷ 100 = **64**점

B고등학교

남학생 **50명** 〔남학생 평균 점수 55점〕

여학생 **50명** 〔여학생 평균 점수 75점〕

전체 평균 점수는?
남학생 50명 × 55점 = 2750점
여학생 50명 × 75점 = 3750점

전체 총 점수는
2750점 + 3750점 = 6500점

전체 평균 점수는
6500점 ÷ 100 = **65**점

전체 평균 점수는 B고등학교가 1점 높다!

61 부분과 전체가 같은 모양? 프랙탈 도형이란?

그렇구나! 프랙탈 도형이란 자기 유사성을 가진 도형. 아무리 크게 만들어도 복잡한 형태가 된다!

눈의 결정은 아름다운 육각형 형태. 눈의 결정을 비롯해 뭉게구름, 복잡하게 갈라진 나무, 리아스 해안선, 인간의 혈관, 번개의 섬광의 한 '**부분**'을 확대해 살펴보면 '**전체**'와 같은 모양이 반복되어 나타나는 구조라는 것을 알 수 있다. 이 성질을 **자기 유사성**이라고 부르고, 이런 도형을 **프랙탈 도형**이라고 한다. 자연계에는 프랙탈 도형이 많은데 '**아무리 크게 해도 복잡한 형태**'가 되는 것이 특징이다.

대표적인 프랙탈 도형에는 '**코크 눈송이**'가 있다. 20세기 초에 스웨덴 수학자 **코크**가 고안한 도형으로, 정삼각형 변의 길이를 3등분해 분할한 두 점을 꼭짓점으로 하는 정삼각형을 새롭게 그린다. 이를 무한으로 반복한다[그림1]. 코크 눈송이의 둘레(도형을 둘러싼 선의 길이)는 **무한**이지만, 넓이는 반드시 처음에 그린 정삼각형의 **1.6배**가 된다.

폴란드의 수학자 **시에르핀스키**가 고안한 '**시에르핀스키 삼각형**'도 프랙탈 도형으로 유명하다. 정삼각형에서 각 변의 중점을 이어서 정삼각형을 만들고, 이 과정을 무한으로 반복하는 도형이다[그림2].

대표적인 프랙탈 도형

▶ 코크 눈송이 [그림1]

정삼각형의 세 변을 3등분해 분할한 두 점을 꼭짓점으로 하는 정삼각형을 그린다. 이를 반복한다.

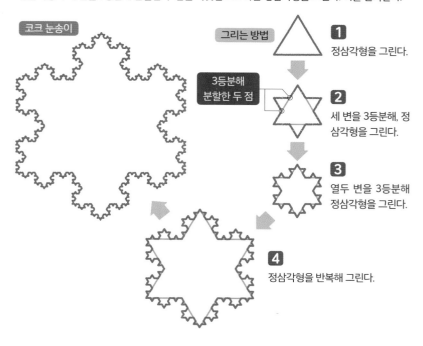

코크 눈송이

그리는 방법

1 정삼각형을 그린다.

3등분해 분할한 두 점

2 세 변을 3등분해, 정삼각형을 그린다.

3 열두 변을 3등분해 정삼각형을 그린다.

4 정삼각형을 반복해 그린다.

▶ 시에르핀스키 삼각형 [그림2]

정삼각형에서 각 변의 중점을 이어 정삼각형을 만드는 과정을 무한으로 반복한다.

변의 중점

62

지식

게임 이론이란 무엇을 위한 이론일까?

그렇 구나! '어떻게 움직여야 가장 좋을까'를 이론화한 것. '내시 균형', '죄수의 딜레마' 등이 있다!

게임에서 상대를 이기기 위해서는 **흥정**이 필요하다. 개인 간이나 기업 간, 국가 간 **이해대립**이 발생할 때, 게임처럼 '어떻게 움직여야 가장 좋을까'라는 흥정을 수학적으로 분석하고 이론화한 것이 '**게임 이론**'이다.

게임 이론의 대표적인 예는 미국의 수학자 존 내시가 발표한 '**내시 균형**'. 간단하게 말하면 '**참가자 전원이 자신만 전략을 바꾸면 손해 보는 균형 상태**'다. 예를 들면, A, B, C 점포가 경쟁적으로 한계까지 가격을 내렸다면, 가격을 올리는 점포만 손해를 보게 된다. 따라서 어떤 점포도 가격을 올릴 수 없게 된다[그림1].

이 밖에도 유명한 게임 이론에는 '**죄수의 딜레마**'가 있다. 용의자 두 명이 각각 다른 방에서 심문을 받을 때, '자백한 사람은 무죄, 묵비권인 사람은 징역 10년', '두 사람 모두 묵비권이라면 두 사람 모두 징역 2년', '두 사람 모두 자백한다면 두 사람 모두 징역 5년'이라고 한다면 두 사람 모두 이득을 볼 수 있는 **최적의 상태** (파레토 최적)는 '두 사람 모두 묵비권'이다. 하지만 자신이 묵비권을 취한 경우 상대는 자백하면 이득이고, 자신이 자백한 경우 상대는 자백하면 이득이기 때문에, **두 사람 모두 자백을 선택하게 되어 파레토 최적을 놓쳐 버린다**[그림2].

게임 이론의 대표적인 예

▶ 내시 균형 [그림1]

A점포, B점포, C점포는 가격 전략으로 이익을 얻고 있다고 하자.

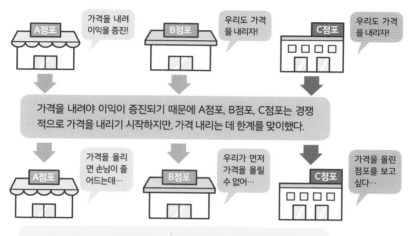

세 점포 모두 가격을 올리지 못하는 상태 ➡ **내시 균형**

▶ 죄수의 딜레마 [그림2]

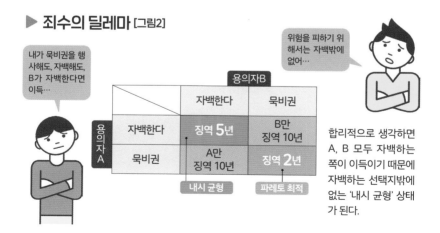

합리적으로 생각하면 A, B 모두 자백하는 쪽이 이득이기 때문에 자백하는 선택지밖에 없는 '내시 균형' 상태가 된다.

Q 언쟁하는 세 여신 중 가장 아름다운 여신은 누구?

아테나 ⟩ or ⟩ 아프로디테 ⟩ or ⟩ 헤라

아테나는 '가장 아름다운 여신은 아프로디테가 아니야!', 아프로디테는 '가장 아름다운 여신은 헤라가 아니야!', 헤라는 '내가 가장 아름다워!'라고 할 때, 누가 가장 아름다울까? 가장 아름다운 여신은 한 명으로, 가장 아름다운 여신만이 진실을 말하고 있다.

헤라　　　　아프로디테　　　　아테나

이 문제에서는 수학에서 '가정'을 세워 검증하는 것이 중요하다는 것을 알 수 있다. **수학적 문제를 풀기 위해서는 막연하게 생각하지 말고 가정을 세워 검증을 진행해, 논리적으로 생각하는 것이 중요**하다. 이 문제에서는 '가장 아름다운 여신만 진실을 말하고 있다'라는 조건이 있기 때문에, 각각의 여신마다 가장 아름답다고 가정해 생각해 보자.

아테나가 가장 아름답다고 가정하면, 아테나와 아프로디테 둘이 진실을 말하는 것이 되기 때문에 문제의 조건에 반한다.

그렇다면 다음으로 **아프로디테가 가장 아름답다고 가정**해 보자. 그러면 아프로디테가 진실을 말하고 있다는 것을 알 수 있다.

혹시 모르니 **헤라가 가장 아름답다고 가정**해 보면, 아테나와 헤라가 진실을 말하고 있는 것이 된다.

세 여신을 각각 '가장 아름답다'라고 가정한다

아테나가 가장 아름다운 경우

아테나   가장 아름다운 여신은 아프로디테가 아니야 ➡ **진실**
아프로디테   가장 아름다운 여신은 헤라가 아니야 ➡ **진실**
헤라   내가 가장 아름다워 ➡ **거짓**

아프로디테가 가장 아름다운 경우

아테나   가장 아름다운 여신은 아프로디테가 아니야 ➡ **거짓**
아프로디테   가장 아름다운 여신은 헤라가 아니야 ➡ **진실**
헤라   내가 가장 아름다워 ➡ **거짓**

헤라가 가장 아름다운 경우

아테나   가장 아름다운 여신은 아프로디테가 아니야 ➡ **진실**
아프로디테   가장 아름다운 여신은 헤라가 아니야 ➡ **거짓**
헤라   내가 가장 아름다워 ➡ **진실**

각각 '가장 아름다운 여신'이라고 가정해 검증한 결과, 문제의 조건에 맞는 것은 아프로디테뿐이다. 이처럼 **가정을 세워 모순된 부분을 밝혀내면 정답을 알 수 있다.**

63 수학적으로 4차원이란 무엇을 의미할까?

그렇구나! 수학적으로는 네 개의 좌표축으로 생각하는 것. 차원이 높아질수록 수학적 자유도가 높아진다!

2차원, 3차원, 4차원이라는 표현은 수학적으로 무슨 의미일까?

2차원은 가로, 세로의 **평면**, 3차원은 평면에 깊이를 더한 **공간**, 즉 우리가 사는 세계다. 물리학의 상대성 이론에서는 4차원을 '공간+시간'이라고 생각하는 '시공'이라는 개념을 사용하지만, 수학에서 4차원은 물리적으로 '공간+시간'이라고 생각하지 않고 더 유연하게 생각한다. 즉, **x축**(가로), **y축**(세로), **z축**(깊이)의 좌표에 **w축**이 더해진다. 4차원을 시각적으로 인식하기는 어렵지만 '**4차원 입방체**'로 떠올려 볼 수는 있다. 입방체의 면은 정사각형(2차원)이지만, **4차원 입방체의 면은 입방체(3차원)**다[그림1].

실은 수학이나 물리의 세계에서는 4차원 이상의 '**고차원**'으로 계산하는 것이 기본적이다. 고차원일수록 수학적인 '제약'이 없어져 **자유도가 높아지고** 문제를 해결하기 쉬워진다. 예를 들어, 평면상에서는 복잡하게 엉킨 선이라도 공간으로 바꾸면 얽히지 않은 선으로 만들 수 있다[그림2]. 이로 인해 **수학적 난제를 고차원에서 증명**하는 방법도 사용된다.

수학에서의 차원을 생각하는 방법

▶ 4차원 입방체 이미지 [그림1]

x축, y축, z축에 w축이 더해진 4차원 좌표로 나타낸 '4차원 입방체'를 3차원에 투영한 이미지. 세어 보면 변이 32개다.

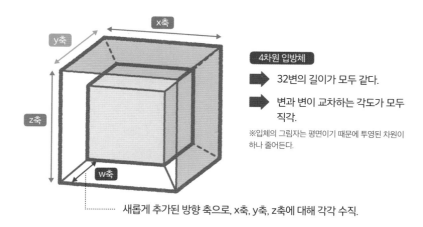

4차원 입방체

➡ 32변의 길이가 모두 같다.

➡ 변과 변이 교차하는 각도가 모두 직각.

※입체의 그림자는 평면이기 때문에 투영된 차원이 하나 줄어든다.

………… 새롭게 추가된 방향 축으로, x축, y축, z축에 대해 각각 수직.

▶ 수학에서 차원의 차이 [그림2]

2차원과 3차원은 수학적인 자유도가 다르다.

2차원에서는 복잡하게 엉킨 선으로 보여도…

3차원에서 표현하면 엉키지 않은 선이 된다.

64

지도상의 넓이를 바로 알 수 있을까? 픽의 정리

그렇 구나! 모눈이 그려진 투명한 판을 사용해 점을 세기만 하면 **넓이를 구할 수 있는 공식!**

다각형의 넓이를 구하려면 도형을 삼각형이나 사각형으로 분할해 각각의 넓이를 계산한 다음 더해 전체 넓이를 구한다. 하지만 '**픽의 정리**'라는 공식을 사용하면 더 간단하게 대략적인 넓이를 구할 수 있다.

픽의 공식은 '**A**(격자 다각형의 넓이)**=i**(내부에 있는 격자점의 개수)**+$\frac{1}{2}$ b**(변 위에 있는 격자점의 개수)**-1**'이라는 간단한 식이다[그림1]. 다각형의 정점을 모두 격자점(등간격으로 배치된 점)의 위에 두고 픽의 공식을 이용하면 아무리 복잡한 다각형이라도 단순한 계산으로 넓이를 구할 수 있다.

투명판에 지도의 축척률에 맞는 모눈을 그려 지도 위에 두고 픽의 정리를 이용하면 국가나 호수 등의 대략적인 면적을 어림짐작할 수 있다[그림2]. 단, 픽의 정리는 내부에 구멍이 있는 다각형의 경우는 성립하지 않는다. 또한 다면체와 같은 입방 도형에 응용할 수 있는 정리는 현재 발견되지 않았다.

픽의 정리는 19세기 말, 오스트리아의 수학자 **픽**(Pick)이 발견했다. 픽은 친구인 **아인슈타인**에게 도움을 주었고, 그래서 **일반 상대성이론**에도 영향을 주었다고 알려졌지만, 유대인이었기 때문에 나치의 박해로 수용소에서 사망했다.

다각형의 넓이를 구하는 간단한 공식

▶ 픽의 정리 [그림1]

아래 그림과 같은 모양의 다각형이라면 픽의 정리로 넓이를 계산할 수 있다.

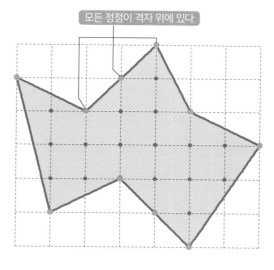

모든 정점이 격자 위에 있다

i (내부에 있는 격자점의 개수)

보라색 점 ➡ 16개

b (변 위에 있는 격자점의 개수)

주황색 점 ➡ 10개

픽의 정리

$$A = i + \frac{1}{2}b - 1$$

넓이

픽의 정리에 따라 이 도형의 넓이는

$$A = 16 + \frac{1}{2} \times 10 - 1 = 20$$

▶ 픽의 정리 응용 [그림2]

모눈이 그려진 투명판을 지도 위에 두면, 대략적인 넓이를 간단하게 구할 수 있다.

모눈의 크기는 지도의 축적률과 맞아야 한다.

65 안과 밖이 없는 신기한 고리, 뫼비우스의 띠란?

도형

그렇구나!

안과 밖의 구별이 없는 고리!
상하좌우가 없는 '클라인의 항아리'도 있다!

가늘고 긴 띠를 한 번 꼬아서 양 끝을 이은 것을 '**뫼비우스의 띠**(뫼비우스의 고리)'라고 한다. 이것은 19세기 독일의 수학자 **뫼비우스**가 연구했다.

가장 큰 특징은 **안과 밖의 구별이 없는 것**. 띠의 바깥 면에 한 점을 찍고 선을 그어 나가면 처음 시작했던 점으로 돌아온다. 즉, 뫼비우스의 띠는 **밖과 안의 구분이 없는 '곡면'**이다. 마찬가지로 '곡면'을 가진 구나 원주라면 '면'(밖과 안)을 두 개 정할 수 있지만, 뫼비우스의 띠에는 이 '면'이 하나밖에 없다[그림1]. 달리 말하면 뫼비우스의 띠는 밖과 안을 색을 칠해서 구별할 수 없다.

19세기 독일의 수학자 **클라인**이 고안한 '**클라인의 항아리**'가 있다. 항아리처럼 생긴 원통형 관의 한쪽 입구를 몸통에 꽂고 다른 한쪽의 입구를 연결한 곡면이다. 이 곡면의 어딘가에 화살표를 두고 움직이게 하면 화살표는 모든 방향을 돌아 원래대로 돌아온다. 클라인의 항아리는 밖과 안의 구별이 없을 뿐만 아니라 **상하좌우를 정할 수 없는 '구'의 성질**이 있다[그림2].

뫼비우스의 띠나 클라인의 항아리는 도형을 분류하는 '**위상수학**' 연구와 이어지는 중요한 발견이 되었다.

위상수학 연구와 이어지는 도형

▶ 뫼비우스의 띠 [그림1]

가늘고 긴 띠를 한 번 꼬아서 양 끝을 연결한 것.

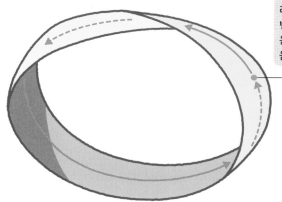

이 위치에서 화살표를 따라 움직이게 하면 띠를 한 번 돌아 반대편으로 돌아온다. 한 바퀴 더 돌면 처음의 위치로 돌아온다.

▶ 클라인의 항아리 [그림2]

원통형 관의 한쪽 입구를 몸통에 꽂고 다른 한쪽의 입구에 연결한 것.

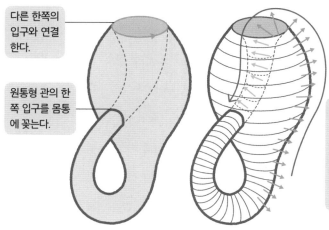

다른 한쪽의 입구와 연결한다.

원통형 관의 한쪽 입구를 몸통에 꽂는다.

화살표를 표면에 두고 움직여 보면 바깥쪽과 안쪽, 상하좌우의 구별이 없는 곡면이라는 것을 알 수 있다.

66 컵과 도넛이 같다?
도형
위상수학 생각

그렇구나! 위상수학에서는 늘리거나 줄여 같은 형태가 되면 모두 같은 형태로 분류한다!

수학의 학문 중 하나에 '위상수학'라는 것이 있다. 간단히 말하자면 **도형을 자르거나 붙이지 않고 늘리거나 줄여서(연속적으로 변형시켜) 같은 형태가 되면, 모두 같은 형태(동상)로 분류한다는** 방식이다. 무슨 말일까?

예를 들어, 여러 가지 형태로 바꿀 수 있는 고무 막이 한 장 있다고 하자. 이 고무 막으로 원이나 삼각형 등의 평면 도형을 만들 수 있으니 **위상수학에서는 같은 형태로 분류**된다. 또한 이 막을 구부려서 원뿔이나 반 구면을 만들 수도 있다. 이것도 원이나 삼각형과 같은 형태로 분류된다[그림1].

입체도형에서는 '**구멍의 수가 분류의 기준**'이 된다. 예를 들어, 손잡이가 달린 컵과 도넛은 '**구멍이 하나다**'라는 **공통점**이 있고, 컵을 점토처럼 늘리고 줄이면 도넛 형태가 되기 때문에 같다고 분류한다. 하지만 손잡이가 두 개인 냄비는 구멍이 두 개 있기 때문에 다른 형태로 분류된다[그림2].

위상수학은 도형의 특징을 해석하는 화상 인식을 비롯해 다양한 분야에 응용되는 이론이다. 예를 들어, **전철 노선도**는 역 사이의 거리나 선로의 커브가 변형되어 짧은 선으로 표현되는데, 여기에서도 위상수학적인 생각을 볼 수 있다.

위상수학의 기본 생각

▶ 원형의 고무 막으로 만들 수 있는 도형 [그림1]

삼각형도 사각형도 반구면도, 같은 형태로 분류된다.

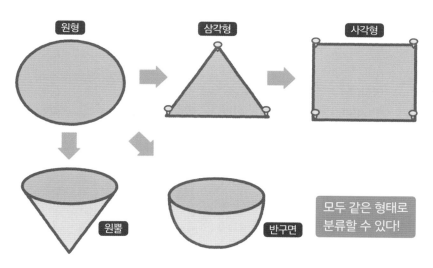

원형 삼각형 사각형

원뿔 반구면

모두 같은 형태로 분류할 수 있다!

▶ 손잡이가 달린 컵과 도넛은 '같은 형태' [그림2]

손잡이가 달린 컵을 변형시키면 도넛 형태가 된다. 손잡이의 고리를 남기듯 변경시키면…

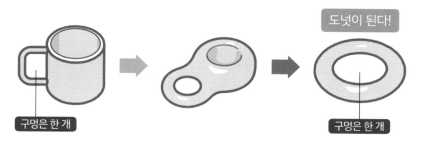

도넛이 된다!

구멍은 한 개 구멍은 한 개

알쏭달쏭!
수학 퀴즈 ⑧

풀면 세상이 끝난다?
수학 퍼즐 하노이의 탑

프랑스 수학자가 1883년에 발매한 수학 퍼즐. '원판 64개를 모두 옮기면 세계가 붕괴 된다'라는 평을 받은 게임이다.

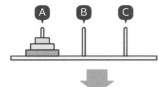

1 ABC 막대기 3개가 세워진 판이 있고, 왼쪽 끝 막대기에 대, 중, 소, 원판 3개가 꽂혀 있다. 원판은 한 번에 한 개씩만 움직일 수 있고, 작은 원판 위에 큰 원판을 둘 수 없다고 할 때 다른 막대기로 이동하려면 오른쪽 그림과 같이 7번 이동해야 한다.

2 그렇다면 원판이 64개 있을 때, 몇 번 움직이면 원판을 모두 다른 막대기로 이동시킬 수 있을까?

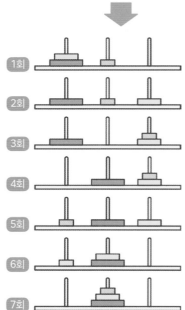

1회
2회
3회
4회
5회
6회
7회

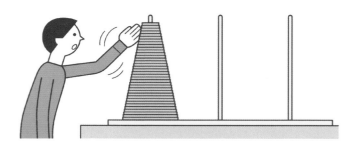

우선 4개가 있다고 하고 필요한 순서를 생각해 보자. 가장 밑에 있는 가장 커다란 원판을 C로 이동하기 위해서는 그 위에 놓인 3개를 B로 이동시킬 필요가 있다. 이 수순은 앞 페이지에서 설명한 대로 **7번**이다. 다음으로 가장 큰 원판을 C로 이동시키고, B의 3장을 C로 이동시킨다. 이것도 **7번**이다. 즉, **15번**을 움직여야 한다. 마찬가지로 5장인 경우는 **31번**이다.

4장인 경우 필요한 수순

7번(3장을 다른 막대기로 이동) ＋ **1번**(가장 커다란 원판을 C로 이동) ＋ **7번**(3장을 다른 막대기로 이동) ＝ **15번**

5장인 경우 필요한 수순

15번(4장을 다른 막대기로 이동) ＋ **1번**(가장 커다란 원판을 C로 이동) ＋ **15번**(4장을 다른 막대기로 이동) ＝ **31번**

이것으로 n-1장을 이동시키는 횟수를 2배해 1을 더하면, n장을 이동하는 데 필요한 횟수를 알 수 있다. 식으로 표현하면 아래와 같다.

2^n-1(원판의 수 n만큼 2를 곱하고, 1을 뺀다)

64장의 경우를 생각해 보면, 위의 식에서,

$$2^{64} - 1 = 1844경6744조737억955만1615회$$

가 필요하다. **1초에 한 번씩 이동한다고 해도 5800억 년 이상 걸린다.** 이것은 우주의 나이인 약 137억 년보다 훨씬 큰 수이기 때문에, 확실히 세계가 끝난다고 할 수 있다.

67 우주의 형태를 알 수 있다? 푸앵카레 추측이란?

그렇구나! 줄을 어디에 두어도 한 점에서 회수할 수 있다면, 구(球)라는 추측. 우주의 해명으로도 이어진다!

20세기 초, **위상수학**을 확립시킨 프랑스 수학자 **푸앵카레**는 '단일연결 3차원 폐다양체는 3차원 구면과 같은 것인가'라는 정리를 주장했다. 이것이 '**푸앵카레 추측**'이다. 위의 난해한 문장을 대략 설명하자면 '**어딘가에 줄을 두어도 당겨서 한 점에서 회수할 수 있는 도형은 대부분 구다**'라는 것이다[그림1]. 단일연결이란 구처럼 어디에 줄을 놓아도 잡아당기면 표면을 미끄러지면서 한 점에 모이는 도형을 의미한다. 예를 들어, 도넛 형태의 도형에서는 줄이 구멍에 걸리거나 구멍에 떨어져 회수할 수 없으니 단일연결이 아니다.

푸앵카레 추측에 따르면 예를 들어, 우주선이 무한으로 뻗은 줄 끝을 지구에 고정하고 출발해 우주 공간을 돈 후 지구로 돌아와 줄을 회수할 수 있다면 우주의 형태는 대략 구라는 것을 증명할 수 있다. 즉, **푸앵카레 추측은 우주 형태를 해명하기 위한 수단이 될 수도 있다**[그림2].

하지만 푸앵카레 추측은 매우 난해해서 푸앵카레 자신도 증명하지 못했고, 이후 약 100년간 여러 명의 천재 수학자가 도전했지만 계속해서 실패했다. 그러다 2003년 드디어 러시아 수학자 **페렐만**이 해결했다.

100년 동안 해결하지 못한 난제

▶ 단일연결의 도형 [그림1]

줄을 어디에 두든 당기면 한 점에서 모이는 도형.

단일연결

단일연결이 아니다

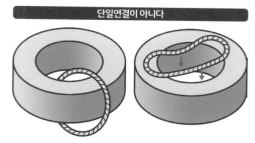

구 위에 있는 줄을 당겨 모으면 한 점에 모인다.

구멍에 줄이 걸리거나, 구멍에 빠지는 도넛 형태의 도형은 단일연결이 아니다.

▶ 푸앵카레 추측에 따른 우주의 해명 [그림2]

1
무한으로 뻗은 줄 한쪽을 지구에 연결한 우주선이 우주의 구석구석까지 비행한다고 하자.

2 우주선이 지구에 돌아온 후 줄을 회수할 수 있다면 우주는 거의 구형이라고 생각할 수 있다.

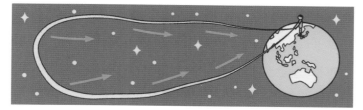

수학에서 중요한 정수 네이피어 수란?

그렇구나! 이자를 계산하기 위해 탄생한 수로 1년을 무한으로 분할해 맡기면, 원금은 약 2.7배로 증가한다!

원주율(3.14…)과 같은 숫자를 '정수'라고 하는데, 수학에서는 원주율 이외에도 여러 가지 정수가 있다. 그중 '네이피어 수(2.7182…)'는 돈의 **이자를 계산**할 때 발견한 정수다. 예를 들어, 원금 100만 원을 연이자 100%(1년 후에 2배가 되는 이율)로 은행에 맡겼다고 가정하자. 1년 후에는 200만 원이 되고, 반년 후에는 150만 원(원금의 1.5배)이 된다. 만약 반년 후에 150만 원을 인출해서 다시 맡긴다면 그 반년 후에는 150만 원의 1.5배, 즉 225만 원이 된다. **1년 후에 인출하기보다 2회로 나누어(해마다) 맡기는 쪽이 이득이다.**

3회로 나누어 맡긴다고 하면, 1년 후에는 약 237만 원, 4회로 나눈다면 약 244만 원이 된다. 즉 1년을 $\frac{1}{x}$로 분할해, **x회의 예금을 반복하면, x의 값이 커질수록 이득이 된다**[그림1]. 그렇다면 x를 무한으로 하면 어느 정도 이득이 될까?

스위스의 수학자 **야코프 베르누이**는 원금을 1, 연이율을 1, 분할 횟수를 x로 해 1년에 무한으로 분할했을 때 어느 정도 이득일까를 $\lim_{x \to \infty}(1+\frac{1}{x})^x$라는 수식으로 정의하고, 그 값이 '**2.7182…**'에 수렴한다고 계산했다[그림2]. 즉, 아무리 분할해서 맡겨도, 약 2.7배가 한계다. 그 값이 '네이피어 수'다.

이자 계산으로 탄생한 네이피어 수

▶ 분할할수록 이득이 되는 금리의 구조 [그림1]

원금 100만 원을 연이율 100%로 은행에 맡긴다고 하자.

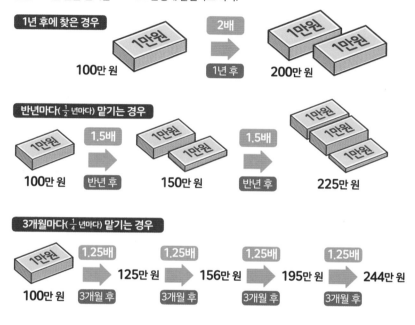

1년 후에 찾은 경우
100만 원 → 2배 → 1년 후 → 200만 원

반년마다($\frac{1}{2}$ 년마다) 맡기는 경우
100만 원 → 1.5배 → 반년 후 → 150만 원 → 1.5배 → 반년 후 → 225만 원

3개월마다($\frac{1}{4}$ 년마다) 맡기는 경우
100만 원 → 1.25배 → 3개월 후 → 125만 원 → 1.25배 → 3개월 후 → 156만 원 → 1.25배 → 3개월 후 → 195만 원 → 1.25배 → 3개월 후 → 244만 원

▶ 1년을 무한으로 분할한 경우의 금리계산 [그림2]

원금을 1, 연이율 1, 분할 횟수를 x로 하면…

$$\lim_{x \to \infty}(1 + \frac{1}{x})^x = 2.71828189\cdots = e$$

무한대로 분할한다는 의미

비순환 소수 (무리수)

네이피어 수를 표현하는 e는 π(원주율)와 같은 기호!

69

해석

뽑기에 당첨될 확률을
네이피어 수로 알 수 있다?

그렇구나! 제비뽑기에서 연속으로 당첨될 확률은
'네이피어 수'와 깊은 관련이 있다.

게임 등에서 원하는 아이템을 뽑기로 얻는 경우, **아이템별로 당첨률을** 나타내는 경우가 있다. **당첨률이 10%라고 한다면**, 확률은 $\frac{1}{10}$ 이기 때문에, 뽑기를 10번 반복하면 원하는 아이템을 얻을 수 있을 것 같다. 하지만 **실제 확률은 다르다.** 계산해 보자.

1회째에 당첨 확률이 $\frac{1}{10}$ (10%)라면, 당첨되지 않을 확률은 $\frac{9}{10}$다. 두 번 연속한 다면 당첨 확률은 $\frac{2}{10}$ (20%)가 될 것 같지만, 그렇지 않다. 2회 연속 당첨되지 않을 확률은 $\frac{9}{10} \times \frac{9}{10} = \frac{81}{100}$ 이 되기 때문에, 두 번 해서 적어도 한 번 당첨될 확률은 $1 - \frac{81}{100} = \frac{19}{100}$ (19%)다. 20%보다도 적은 값이 되어버린다. 3회를 계산하면 27.1%, 4회를 계산하면 34.39%가 된다. 10회를 계산하면, 약 65%. 즉, **10회를 해도 당첨될 확률은 $\frac{2}{3}$ 밖에 되지 않는다**[그림1].

만약 당첨률이 $\frac{1}{x}$ 인 뽑기를 100번, 1만 번, 무한으로 한다고 하면, 당첨되지 못할 확률 계산식은 $\lim_{x \to \infty}(1-\frac{1}{x})^x = 0.36787\cdots$(%)이 된다. 이것을 분수로 표현하면 $\frac{1}{2.7182\cdots}$ 로 **분모가 네이피어 수(e)가** 된다[그림2]. 이처럼 네이피어 수는 금리뿐만 아니라 확률을 계산하는 데도 중요한 수가 되었다.

뽑기와 네이피어 수의 관계

▶ 뽑기를 해서 당첨될 확률 [그림1]

당첨이 될 확률이 10%인 뽑기를 10번 한 경우

$$1 - \left(\frac{9}{10}\right)^{10} = 0.6513\cdots(\%)$$

적어도 1번 당첨될 확률

10번 연속해서 뽑기를 해서 당첨되지 못할 확률

당첨될 확률

당첨이 될 확률이 1%인 뽑기를 100번 한 경우

$$1 - \left(\frac{99}{100}\right)^{100} = 0.633967\cdots(\%)$$

당첨률과 관계없이 뽑기를 하는 횟수를 늘리면 당첨될 확률은 **약 63%** 가 된다.

▶ 뽑기를 무한으로 했을 때, 당첨되지 못할 확률 [그림2]

당첨이 될 확률은 $\frac{1}{x}$, 뽑기를 하는 횟수를 x번으로 한다면, 아래와 같다.

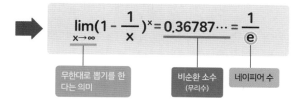

$$\lim_{x \to \infty}\left(1 - \frac{1}{x}\right)^x = 0.36787\cdots = \frac{1}{e}$$

무한대로 뽑기를 한다는 의미

비순환 소수 (무리수)

네이피어 수

70 세계를 수식화? 함수와 좌표의 구조

그렇구나! 함수와 좌표를 이용해 현실 세계의 현상을 수식으로 표현할 수 있게 되었다!

어떤 두 개의 변수(여러 값을 취하는 수)가 있다. 한쪽 값이 정해져 있고 다른 한쪽에 대응하는 값이 단 한 개로 정해지는 관계를 '함수'라고 한다. 간단하게 말하면 '값을 변환하는 법칙'이다. 두 개의 변수가 x와 y일 때, 함수는 y=f(x)로 나타낸다.

예를 들어, y=2x+1이라는 함수라면, x가 1일 때 y는 3이 되고, x가 2일 때 y는 5가 된다. 함수 중에서 **y=ax+b로 나타내는 것을** '일차 함수'라고 하고, **좌표로 표현하면 직선이** 된다. 좌표란, 평면상에 모든 점의 위치를 나타내는 수의 조합으로, 수학에서는 일반적으로 가로축을 x, 세로축을 y로 한다.

일차 함수에서는 a의 값이 커질수록 직선의 기울기가 커지고, a의 값이 작아지면 직선의 기울기도 작아진다. **직선의 기울기를** '평균 변화율'이라고 하고, x가 1 증가할 때 y가 얼마나 증가하는지를 나타낸다. **y=ax²+bx+c로 나타내는 함수를** '이차 함수'라고 하고, **좌표에서 나타내면 곡선**(포물선) 형태가 된다[그림1].

17세기 유럽에서는 포탄의 궤도를 연구하기 위해 함수와 좌표가 발달했고, **자연 현상의 기본 법칙을 수식으로 표현할 수 있게 되었다**[그림2]. 참고로, 수학의 '미분'과 '적분'을 이해하기 위해서도 '함수' 지식이 필요하다.

▶ 일차함수와 이차함수 [그림1]

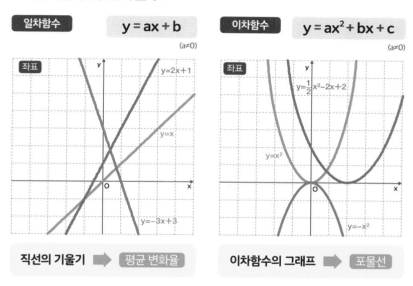

일차함수

$$y = ax + b$$

(a≠0)

이차함수

$$y = ax^2 + bx + c$$

(a≠0)

좌표
y=2x+1
y=x
O
x
y=-3x+3

좌표
y=\frac{1}{2}x^2-2x+2
y=x^2
O
x
y=-x^2

직선의 기울기 ➡ 평균 변화율

이차함수의 그래프 ➡ 포물선

▶ 좌표로 나타냈을 때의 궤도 [그림2]

포탄의 궤도를 좌표와 함수로 수식화해, 착탄 지점을 계산할 수 있게 되었다.

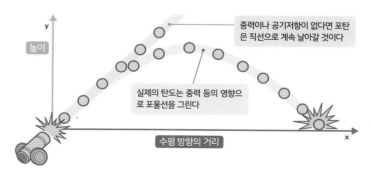

높이

중력이나 공기저항이 없다면 포탄
은 직선으로 계속 날아갈 것이다

실제의 탄도는 중력 등의 영향으
로 포물선을 그린다

수평 방향의 거리

미분이란 무엇일까?
무엇을 구하는 것일까?

그렇구나! **미분이란** 곡선을 아주 작은 범위로 잘라 생각해, 순간의 변화를 알기 위한 방법!

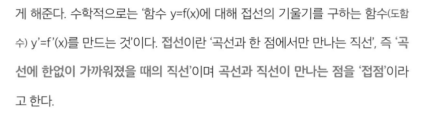

미분이란 아주 작게 나누어서 생각하는 수학 방법으로 '어떤 함수가 언제, 어떻게 변하는가'를 알 수 있게 해준다. 수학적으로는 '함수 y=f(x)에 대해 접선의 기울기를 구하는 함수(도함수) y'=f'(x)를 만드는 것'이다. 접선이란 '곡선과 한 점에서만 만나는 직선', 즉 '곡선에 한없이 가까워졌을 때의 직선'이며 곡선과 직선이 만나는 점을 '접점'이라고 한다.

곡선의 일부를 무한으로 확대해 보면 거의 직선에 가깝다. 예로 지구는 구 형태이지만, 지면은 평평하게 느껴진다. 지구의 접선은 지면에 놓인, 무한으로 곧게 뻗은 막대기 같은 형태라고 생각하면 접선을 떠올리기 쉽다[그림1].

이번에는 자동차를 예로 들어 미분을 생각해 보자. 속도는 '두 점을 진행한 거리(거리의 변화)'를 '걸린 시간(시간의 변화)'으로 나누어서 구한다. 따라서 100㎞를 1시간(60분) 만에 주행한 자동차의 시속은 100㎞다. 하지만 실제로는 시속 100㎞로 일정하게 주행하지 않고, 가속하거나 감속하기를 반복한다.

자동차의 시속과 거리의 변화를 나타내는 함수가 있을 때, 시작점에서 x분 후

▶ 지구로 접선을 떠올려 보자 [그림1]

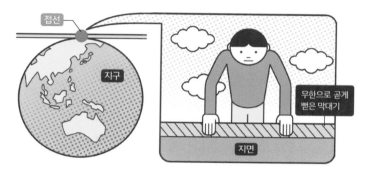

지구의 접선은 지면에 놓은 무한으로 곧게 뻗은 막대기라고 생각하면 떠올리기 쉽다.

의 순간 속도를 알기 위해서는 어떻게 하면 될까? 순간(점)의 속도는, 앞서 설명한 대로 단순한 계산으로는 알기 어렵다. 하지만 **두 점의 거리를 무한으로 짧게 (미분) 하면 마치 한 점처럼** 생각하게 된다. 즉, 이 한 점에서의 변화의 비율(접선의 기울기)이 자동차의 순간 속도가 된다[그림2].

접선의 기울기는 곡선상의 어떤 점의 접선이냐에 따라 변한다. $y=x^2$이라면 $x=-1$일 때의 기울기는 -2, $x=0$일 때의 기울기는 0, $x=2$일 때의 기울기는 4가 되고, $y=x^2$의 모든 점에 있어서 기울기를 구하는 함수는 $y'=2x$가 된다. **이 함수를 도함수라고 하고, $f'(x)$로 나타낸다. 이 도함수를 구하는 것이 '미분'이다**[그림3]. 일반적으로 $y=x^n$의 도함수는 $y'=nx^{n-1}$으로 구한다.

여기서 미분과 **네이피어의 수 e**(2.7182…)의 관계를 설명하고자 한다. $y=e^x$의 접선의 기울기를 나타내는 함수는 $y'=e^x$다. 즉, **원래 함수와 도함수가 일치한다.** 이와 같은 수는 e뿐이라서 네이피어 수는 미분에서 가장 중요한 수다[그림4].

접선의 기울기는 순간(점)의 변화율

▶ 자동차의 순간 속도를 구해 보자 [그림2]

어떤 자동차가 1시간에 100㎞를 주행했다고 하자.

속도 = $\dfrac{\text{두 지점을 주행한 거리}}{\text{걸린시간}}$ ➡ $\dfrac{100㎞}{1시간}$ = 시속100㎞

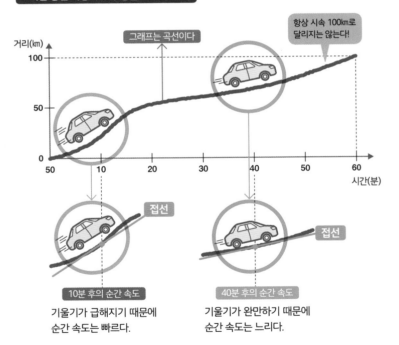

1시간 동안 자동차가 주행한 거리의 변화

그래프는 곡선이다

항상 시속 100㎞로 달리지는 않는다!

거리(㎞)

100

50

0

시간(분)

접선

접선

10분 후의 순간 속도

기울기가 급해지기 때문에
순간 속도는 빠르다.

40분 후의 순간 속도

기울기가 완만하기 때문에
순간 속도는 느리다.

접선의 기울기를 알면, 순간 속도를 구할 수 있다!

도함수를 구하는 것이 미분

▶ y=x²의 접선과 도함수 [그림3]

어떤 점의 접선의 기울기라도 구할 수 있는 함수를 '도함수'라고 한다.

함수 y=x²의 그래프

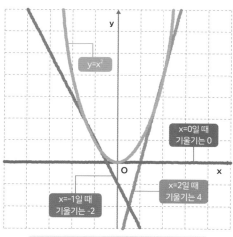

미분이란 도함수를 구하는 것!

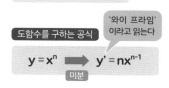

$y = x^2$의 도함수는
$y' = 2x$

도함수를 구하는 공식

$y = x^n$ ➡ $y' = nx^{n-1}$

미분

'와이 프라임'이라고 읽는다

$y=2x^3+1$이라면 x^3의 2배를 의미하는 정수 '2'는 미분한 뒤에 곱한다. '+1'은 그래프의 기울기와 관계없는 수이기 때문에 무시한다. 따라서 다음과 같이 구할 수 있다.

$$y' = 2 \times 3x^{3-1} = 6x^2$$

▶ 미분과 네이피어 수의 특별한 관계 [그림4]

$y=e^x$의 그래프는 원래 함수와 도함수가 완전히 일치한다. 즉, e^x는 미분해도 적분해도 변하지 않는 유일한 함수로, 이 함수를 사용해 다양한 미분방정식을 풀 수 있다.

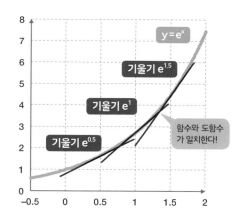

72

적분이란 무엇일까?
무엇을 구하는 것일까?

그렇구나! 적분은 미분과 반대 관계에 있는 수학의 수법.
곡선으로 둘러싸인 넓이를 구할 수 있다!

직선으로 둘러싸인 영역이라면 넓이 계산은 간단하다. 하지만 **곡선으로 둘러싸여 있는 영역의 넓이**는 정확하게 구하기 어렵다. 곡선으로 둘러싸인 영역의 넓이를 구하기 위해서 **아르키메데스가 고안한 것이 '실진법'**이다. 이 방법은 구하려고 하는 영역을 삼각형으로 작게 분할해 계산하고 다시 합하는 방식이다[그림1]. 이처럼 곡선으로 둘러싸인 영역의 넓이를 구하기 위해 발달한 방법이 '적분'이다.

'실진법'처럼 작게 분할해 전부 다시 합하는 계산은 번거롭고 수치도 정확하지 않다. 이런 상황에서 17세기 **뉴턴**이 적분의 기본인 **'작게 분할한다'**라는 개념이 **'미분'**과 같고, 미분과 적분이 **'역관계'**라는 것을 깨닫게 된다. 그리고 함수의 곡선 그래프에 둘러싸인 범위를 정확하게 구하는 정리를 발견한다. 이렇게 해서 미분과 적분은 **'미분적분학'**으로 세트로 다루게 되었다.

그렇다면 우선 적분의 기본 소개를 해 보자. 원래의 함수가 $y=x^2$인 경우, 미분하면 도함수는 $y'=2x$가 된다. 미분과 적분은 역관계이기 때문에 적분하면 원래의 함수가 된다. 나아가 원래의 함수를 적분하면, 다른 함수 $y=\dfrac{1}{3}x^3$이 된다. 이것을 **'원시함수'**라고 하고 $\int y dx$라고 표현한다[그림2].

▶ 아르키메데스의 실진법 [그림1]

포물선과 직선으로 둘러싸인 면적을 구하는 경우

이 작업을 반복하면 거의 정확한 넓이를 구할 수 있다.

아르키메데스

AC를 밑변으로 해 포물선 위에 높이가 최대가 되는 점 B를 찍고, 삼각형을 만든다. 빈 공간에 같은 방식으로 삼각형을 반복해 만들어 넓이를 구하고 더한다.

삼각형 ABC의 넓이를 1로 하면, 노란색 삼각형은 1/8, 녹색과 파란색 삼각형은 1/64이 된다.

이 합계는 $1 + \dfrac{1}{8} \times 2 + \dfrac{1}{64} \times 4 = \dfrac{21}{16}$ (정확한 값은 $\dfrac{4}{3}$)

그렇다면, 왜 이 원시함수를 이용하면 곡선으로 둘러싸인 넓이를 구할 수 있는 것일까? 이것을 y=2x의 직선으로 생각해 보자. 이 직선과 x축, y축과 평행한 직선으로 둘러싸인 영역은 삼각형이 되고, 넓이는 밑면(x)×높이(2x)÷2로 구하기 때문에, 넓이를 구하는 식은 y=x²이 된다. 이 계산식은 **y=2x를 적분했을 때의 '원시함수'**다. 이처럼 **어떤 함수를 적분하면 넓이를 구하는 함수를 만들어 낼 수 있다**[그림3].

그렇다면 곡선의 아랫부분의 넓이를 구하는 경우는 어떻게 하면 될까? 적분은 **'작고 얇은 직사각형으로 분할해 각각의 넓이를 더한다'**라는 것이다. 직사각형의 폭이 넓으면 오차가 발생하지만, 폭이 무한으로 작아지면 거의 정확한 넓이를 구할 수 있다. 원시함수를 나타내는 **'∫ydx'는 '자른 직사각형의 넓이(y×dx)를 전부 더한다'**라는 의미다. 이로 인해 곡선과 x축, y축과 평행한 직선으로 둘러싸인 영역을 원시함수로 계산할 수 있다[그림4].

적분이란 원시함수를 구하는 것

▶ **미분과 적분의 역관계** [그림2]

$$F(x) \xrightarrow{\text{미분}} f(x) \xrightarrow{\text{미분}} f'(x)$$

원시함수 ←적분← 함수 ←적분← 도함수

예를 들어, 원래의 함수가 y=x²인 경우

$$y = \frac{1}{3}x^3 \xrightarrow{\text{미분}} y = x^2 \xrightarrow{\text{미분}} y' = 2x$$

원시함수를 구하는 공식

$$\int y\,dx = \frac{1}{n+1}x^{n+1} + C \quad\text{—— } C\text{는 정수} \quad \text{어떤 수라도 미분하면 0이 된다}$$

읽는 방법은 '인테그랄'

대단해! 수학자

11 **아이작 뉴턴**
(1643~1727)

영국의 수학자, 물리학자. 만유인력을 시작으로 물체의 운동 법칙을 연구하고 그것을 증명해가는 과정에서 미분적분의 수학적 기법을 창조했다.

대단해! 수학자

12 **고트프리트 빌헬름 라이프니츠**
(1646~1716)

독일의 수학자. 뉴턴과 같은 시기에 독자적으로 미분적분학을 연구하고 체계화해 기호의 의미를 엄밀하게 정의하는 등 학문으로서 확립했다.

원시함수로 넓이를 알 수 있다

▶ 적분으로 넓이를 구하는 이유 [그림3]

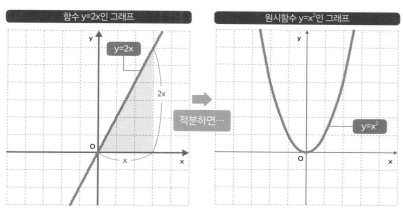

함수 y=2x인 그래프

y=2x

2x

원시함수 y=x²인 그래프

적분하면…

y=x²

삼각형의 넓이는 밑변(x)×높이(2x)÷2=x². 즉,

$y = x^2$가 넓이를 구하는 계산식이 된다.

y=2x를 적분해 만든 원시함수는

$y = x^2$가 된다. 이것을 계산하면 삼각형의 넓이를 구할 수 있다.

▶ 곡선 아랫부분의 넓이를 구하는 방법 [그림4]

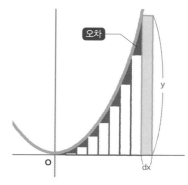

오차

y

o

dx

곡선 아래에 폭이 dx, 높이가 y인 폭이 얇은 직사각형을 많이 만들어 더하면 곡선 아랫부분의 대략적인 넓이를 구할 수 있지만, 오차도 발생한다. 하지만 직사각형의 폭 dx가 한없이 작아지면 오차는 거의 없어진다.

원시함수를 나타내는 공식의 의미

모두 더한다

높이 y, 폭 dx의 얇은
직사각형의 넓이

$$\int y dx$$

73
수

300년 이상 풀리지 않았다? 페르마의 마지막 정리

그렇구나! 중학생 수준에서 의미를 이해할 수 있는 정리이지만, 300년이 넘는 세월 동안 누구도 증명하지 못한 정리!

수학에 흥미가 있는 사람이라면 TV 등에서 '페르마의 마지막 정리'라고 하는 말을 들어 봤을 것이다. 이 정리는 17세기 프랑스 수학자 **페르마**가 책의 여백에 남겼으며, 덧붙여 '**나는 놀랄 만한 증명을 발견했지만, 이 여백이 그것을 쓰기에는 너무 좁다**'라고 쓰여 있었다.

페르마가 남긴 다수의 정리 중 이 정리만은 누구도 증명하지 못했기 때문에 '마지막 정리'라고 불렀다. 페르마의 마지막 정리는 '**n을 3 이상의 자연수라고 할 때, $x^n+y^n=z^n$이 되는 자연수의 조합(x, y, z)은 존재하지 않는다**'다. n이 1인 경우는 $1^1+2^1=3^1$ 등 자연수를 더하는 계산이다. n이 2인 경우는 이른바 '**피타고라스의 정리가 되어서**', $3^2+4^2=5^2$ 등 무수하게 존재한다. 하지만 n이 3인 경우는 $x^3+y^3=z^3$이라는 식이 성립하지 않고, 4 이상이어도 마찬가지로 성립하지 않는다는 정리다[그림1]. '증명되지 않는 정리'라고 하면 수학자라도 정리의 의미를 이해하기 어려운 것이 대부분이지만, **이 정리는 중학생 수준에서 의미를 이해할 수 있는 단 한 줄의 수식이다.** 이 정리는 페르마가 사망한 지 약 300년 후인 1995년에 영국의 수학자 **앤드류 와일즈**가 증명했다[그림2].

300년 이상이나 풀지 못했던 난제

▶ 페르마의 마지막 정리 [그림1]

> n을 3 이상의 자연수라고 할 때,
> $x^n + y^n = z^n$이 되는 자연수의 조합
> (x, y, z)은 존재하지 않는다!

참고로 이 정리를 증명하는 데 최신 수학 지식이 사용되어서 페르마가 생각한 증명 방법은 잘못되지 않았을까 하는 의견도 있다.

놀랄만한 증명을 발견했지만, 그것을 쓰기에는 여백이 너무 좁다

페르마

▶ 페르마의 마지막 정리를 증명한 방법 [그림2]

증명 방법은 매우 난해하기 때문에 개요만 살펴보자.

1 페르마의 마지막 정리가 틀렸다고 가정하면 모듈러가 아닌 프라이 곡선

$$y^2 = x(x - a^n)(x + b^n)$$ 이 만들어진다.

※모듈러란 '모듈러 형식'이라는 대칭성이 높은 함수와 관련된 것.

2 프라이 곡선은 '반 안정한 타원곡선'으로 '모듈러가 아니다'.

3 '모든 반 안정한 타원곡선은 모듈러다'라고 증명해 **1**의 가설이 모순이라고 밝혀서 페르마의 마지막 정리를 증명했다.

74 허수는 어떤 수이고, 무엇에 이용할까?

그렇구나! 허수란, 허수 단위 'i'가 붙은 수를 말한다.
양자역학 분야에서는 없어서는 안 될 개념!

'허수'란 무엇일까? '제곱하면 -1이 되는 수'로 $x^2=-1$이라는 수식으로 표현할 수 있고, 식을 바꾸어 보면 $x=\sqrt{-1}$ 이 된다. 18세기 스위스 수학자 **오일러**는 $\sqrt{-1}$ 을 '**허수 단위**'로 정하고 '**i**'라는 **기호**로 나타냈다.

'i'를 이해하기 위해 실수의 수직선에서 생각해 보자. 수직선에서는 '+1'에 '-1'을 한 번 곱하면 원점 '0'을 중심으로 180° 회전해 '-1'이 된다. $i^2=-1$이란, '1에 i를 두 번 곱하면 -1이 된다'라는 의미다. 즉, **1에 'i'를 곱하면, 90° 회전해 'i'가 되고, 다시 'i'를 곱하면 90° 더 회전해서 '-1'이 된다.** 이처럼 수평한 수직선(실축)에서 실수를 나타내고, 수직인 수직선(허축)으로 i를 나타내면, i를 시각화할 수 있다[오른쪽 그림]. 실축과 허축을 가진 평면을 '**복소평면**'이라고 하고 **실수와 허수가 조합된 수를** '**복소수**'라고 한다.

복소수는 원자나 전자 등의 움직임을 다루는 양자역학 분야에서 필수 개념이다. 원자와 전자의 움직임은 복잡하기 때문에 실수로 범위를 정해서 계산할 수 없지만, 허수를 포함한 **오일러 공식**을 사용하면 계산이 가능해진다. 즉, 허수를 발견하지 못했다면 컴퓨터는 탄생하지 않았을지도 모른다.

허수를 시각화해 이해한다

▶ 허수단위와 복소평면

허수단위 'i'란…

$$i^2 = -1 \text{ 을 만족하는 수}$$
$$i = \sqrt{-1} \text{ 이 된다}$$

제곱해서 -1이 되는 수를 허수단위 'i'로 정했다

오일러

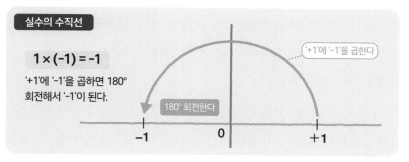

실수의 수직선

$$1 \times (-1) = -1$$

'+1'에 '-1'을 곱하면 180° 회전해서 '-1'이 된다.

'+1'에 '-1'을 곱한다

180° 회전한다

-1 0 $+1$

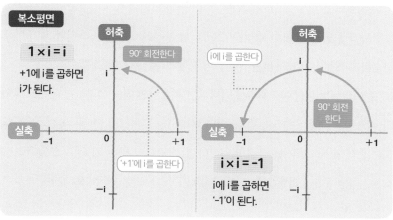

복소평면

$$1 \times i = i$$

+1에 i를 곱하면 i가 된다.

허축

90° 회전한다

실축

-1 0 $+1$ i

$-i$

'+1'에 i를 곱한다

i에 i를 곱한다

허축

i

90° 회전한다

실축

-1 0 $+1$

$-i$

$$i \times i = -1$$

i에 i를 곱하면 '-1'이 된다.

75 인류의 보물? 오일러 등식

그렇구나! 대수학, 기하학, 해석학**이라는 수학의 세 분야를** 간단한 한 개의 수식으로 **정리할 수 있다!**

애초에 수학이란 무엇일까? 수학에는 크게 세 가지 분야가 있으며, 그것을 기본으로 성립한다. 세 분야는 덧셈이나 뺄셈 등을 사용한 방정식 풀이를 연구하는 **대수학**, 도형과 공간에 대해 연구하는 **기하학**, 미분과 적분에서 발전해 함수의 이론을 연구하는 **해석학**이다.

이 세 분야는 기본적으로 각각 독립해 발전했고 대수학에서는 **허수단위 'i'**가, 기하학에서는 **원주율 'π'**가, 해석학에서는 **네이피어의 수 'e'**가 탄생했다.

스위스의 천재 수학자 오일러는 1748년에 '오일러 등식'이라고 부르는 수식 '$e^{i\pi}+1=0$'을 발표했다. 이 수식은 수학의 세 분야에서 탄생한 특별한 수가 매우 단순하게 표현되어 있기 때문에 **인류의 보물**이라고 불린다[그림1].

오일러 등식은 **실수와 허수를 나타내는** '**복소평면**'에서 생각하면 이해하기 쉽다. 복소평면상에서 원점을 중심으로 반지름 1인 원을 그리면, 원주상의 값은 **오일러 공식 '$e^{i\theta}=\cos\theta+i\sin\theta$'**로 표현한다. 실축 -1일 때 θ는 π가 되고, 오일러의 등식을 변형한 '$e^{i\pi}=-1$'이 된다[그림2]. 오일러 공식은 미분 방정식 등에서도 매우 중요한 수식이다.

오일러 등식이 중요한 이유

▶ 수학의 세 분야가 연결된 오일러 등식 [그림1]

수학은 대수학, 기하학, 해석학 세 분야가 기본이다.

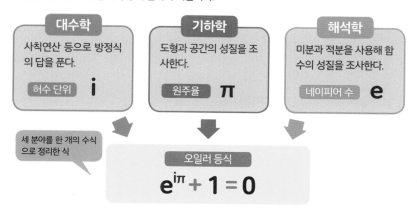

대수학
사칙연산 등으로 방정식의 답을 푼다.
허수 단위 **i**

기하학
도형과 공간의 성질을 조사한다.
원주율 **π**

해석학
미분과 적분을 사용해 함수의 성질을 조사한다.
네이피어 수 **e**

세 분야를 한 개의 수식으로 정리한 식

오일러 등식
$$e^{i\pi} + 1 = 0$$

▶ 복소평면에서 나타낸 '오일러 등식' [그림2]

복소평면 상에 원점을 중심으로 하는 반지름 1인 원을 그린다.

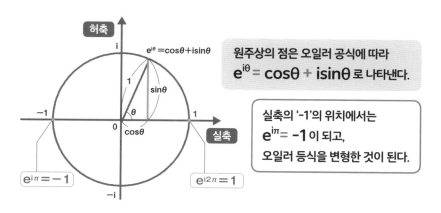

허축

$e^{i\theta} = \cos\theta + i\sin\theta$

$\sin\theta$

θ

$\cos\theta$

실축

$e^{i\pi} = -1$

$e^{i2\pi} = 1$

원주상의 점은 오일러 공식에 따라
$$e^{i\theta} = \cos\theta + i\sin\theta$$ 로 나타낸다.

실축의 '-1'의 위치에서는
$$e^{i\pi} = -1$$ 이 되고,
오일러 등식을 변형한 것이 된다.

76

수학계의 노벨상, 필즈상이란?

40세 미만의 젊은 수학자에게 수여하는 상.

노벨상에는 수학상이 없다. 그 대신이라고는 할 수 없지만 세계에서 주목받는 수학계 최고의 영예인 상이 있다. 그것이 '필즈상'이다.

필즈상은 젊은 수학자의 공적을 표창하고 이후의 연구를 격려하는 목적으로 1936년에 캐나다인 수학자 **존 찰스 필즈**가 창설했다. 제2차 세계대전 때문에 14년간 중단되었다가, 1950년부터 다시 시상하기 시작했다. 4년에 한 번 열리는 **국제 수학자 회의(ICM)**에서 **40세 미만 수학 연구자**(2~4명)를 선발하고, 상금 약 2000만 원과 메달을 수여한다[그림1].

필즈상은 2018년까지 60명이 수상했고, 수상자 중 42명이 미국의 프린스턴 고등연구소 출신이다.

'40세 미만'이라는 나이 제한이 있지만 '페르마의 마지막 정리'를 증명한 **앤드류 와일즈**는 그 공적의 중요성을 인정받아 1998년 당시 45세였음에도 특별상을 받았다. 또한 '푸앵카레 추측'을 증명한 **그리고리 페렐먼**은 2006년에 필즈상에 선정되었지만, '나의 증명이 맞는다면, 상은 필요 없다'라고 하며 상을 거부했다[그림2]. 필즈상과 비견될 만한 상으로 아벨상이 있다.

수학계 최고로 영예로운 상

▶ 필즈상의 메달 [그림1]

필즈상의 메달 표면에는 아르키메데스의 초상이 그려져 있다. 또한 초상의 주위에는 '자기를 높이고 세계를 향해 나아가라'라는 의미의 라틴어가 새겨져 있다. 수상자의 이름은 메달의 가장자리에 새긴다.

▶ 필즈상의 특별한 수상자들 [그림2]

마리암 미르자하니	앤드류 와일즈	그리고리 페렐먼
(1977~ 2017)	(1953~)	(1966~)
이란	영국	러시아
여성 최초로 필즈상을 수상	45세에 필즈상 특별상을 수상	필즈상을 거부
수상 년도	수상 년도	수상 년도
2014년	1998년	2006년
수상 이유	수상 이유	수상 이유
모듈라이 공간 해석	페르마의 마지막 정리 증명	푸앵카레 추측 증명

신기하고 아름다운
도형의 정리 15

도형에는 다양한 정리가 있다.
도형의 신기한 성질이 엿보이는 정리15개를 소개한다.

1 탈레스의 정리

● 대략 ··· 원주각의 성질을 알 수 있는 정리!
● 발견한 사람 탈레스?(고대 그리스 수학자)
➜ 기원전 7세기 무렵

'지름에 대한 원주각은 직각이다'라는 정리로, 선분AC를 지름으로 하는 원주 위의 점 B가 만드는 삼각형ABC의 ∠ABC는 직각이 된다. 고대 그리스 수학자 탈레스가 증명했다고 한다. 탈레스의 정리는 원주각의 정리 중 하나.

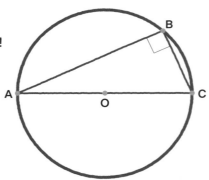

원주각의 정리

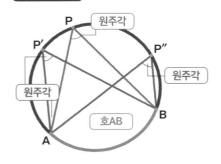

한 개의 호AB에 대해 원주각은 모두 같다.

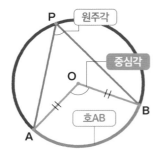

한 개의 호AB에 대해 원주각은 중심각의 절반이다.

2 중선 정리

- 대략 … **삼각형의 중선과 세 변의 길이 관계를 알 수 있는 정리!**
- 발견한 사람 **아폴로니우스**(고대 그리스 수학자)
→ **기원전 3세기 무렵**

삼각형ABC에서 $AB^2+AC^2=2$
(AM^2+BM^2)가 성립한다. M은
BC의 중점이다. '파푸스의 정
리'로 알려졌는데, 실제로 발견
한 사람은 아폴로니우스다.

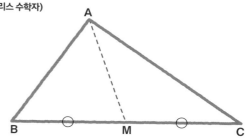

3 톨레미의 정리

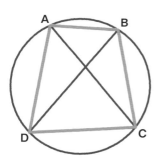

- 대략 … **원에 내접하는 사각형의 성질을 알 수 있는 정리!**
- 발견한 사람 **프톨레마이우스**(고대 그리스 수학자)
→ **기원전 1세기 무렵**

원에 내접하는 사각형ABCD에서 $AB \times CD + AD \times BC = AC \times BD$
가 성립한다. '톨레미'란 프톨레마이우스의 영어식 이름.

4 메넬라오스의 정리

- 대략 … **삼각형과 직선이 만드는 선분의 비를 알 수 있는 정리!**
- 발견한 사람 **메넬라오스**(고대 그리스 수학자)
→ **기원전 1세기 무렵**

어떤 직선이 삼각형ABC의
AB, AC, BC 혹은 그 연장선과
각각 점 D, E, F에서 만날 때,
오른쪽 등식이 성립한다.

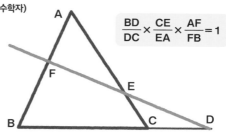

$$\frac{BD}{DC} \times \frac{CE}{EA} \times \frac{AF}{FB} = 1$$

5 접현 정리

- ● 대략 … **원주각과 접선과의 관계를 알 수 있는 정리!**
- ● 발견한 사람 **유클리드?**(고대 그리스 수학자)
- → **기원전 3세기 무렵**

원의 접선AT와 호AB가 만드는 ∠BAT는, 호AB의 원주각 ∠ACB와 같다. ∠BAT가 예각, 직각, 둔각인 경우에도 성립한다. 유클리드의 저서 『원론』에 기록되어 있다.

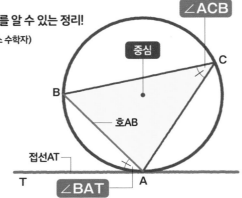

6 방멱의 정리

- ● 대략 … **원과 두 직선의 관계를 알 수 있는 정리!**
- ● 발견한 사람 **유클리드?**(고대 그리스 수학자)
- → **기원전 3세기 무렵**

방멱의 정리는 세 가지 패턴이 있고, 유클리드의 『원론』에 기록되어 있다.

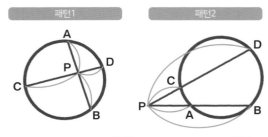

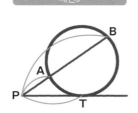

원의 두 호AB, CD의 교점 패턴1, 혹은 그 연장선의 교점 패턴2을 P로 하면 PA×PB=PC×PD가 성립한다.

원 외부의 점P에서 그은 접선의 접점을 T라 하고, P에서 원에 그은 접선의 접점 두 개를 A, B라고 하면 PA×PB=PT²이 성립한다 패턴3.

7 파푸스의 육각형 정리

● 대략… **직선과 교점에 관한 성질을 알 수 있는 정리!**
● 발견한 사람 **파푸스**(이집트의 수학자)
➡ **4세기 전반**

A, B, C가 동일직선상에 있고, D, E, F가 동일 직선상에 있을 때, AE와 BD, BF와 CE, CD와 AF의 교점은 동일직선상에 있다.

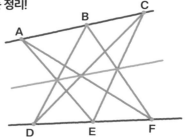

8 비비아니의 정리

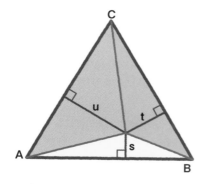

● 대략… **정삼각형과 수선의 관계를 알 수 있는 정리!**
● 발견한 사람 **비비아니**(이탈리아 수학자)
➡ **1659년**

정삼각형ABC의 내부에 있는 점에서 각 변에 내린 수선의 길이의 합(s+t+u)은 일정하고, 삼각형ABC의 높이와 같다.

9 체바의 정리

● 대략… **삼각형의 꼭짓점을 지나는 직선의 성질을 알 수 있는 정리!**
● 발견한 사람 **체바**(이탈리아 수학자)
➡ **1678년**

삼각형ABC의 BC, CA, AB 위에 각각 D, E, F가 있고, AD, BE, CF가 한 점 O에서 교차할 때, 오른쪽 등식이 성립한다.

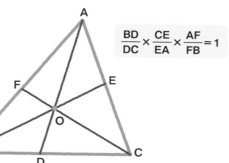

$$\frac{BD}{DC} \times \frac{CE}{EA} \times \frac{AF}{FB} = 1$$

10 나폴레옹의 정리

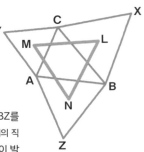

- 대략 … **삼각형의 중심에 관한 정리!**
- 발견한 사람 **나폴레옹?**(프랑스 황제)
- ➔ **1800년 무렵?**

삼각형ABC의 각 변을 한 변으로 하는 정삼각형BCX, ACY, ABZ를 그리고, 각각의 삼각형의 중심(꼭짓점과 대변의 중점을 잇는 세 개의 직선이 교차하는 점) L, M, N을 이으면 정삼각형이 된다. 나폴레옹이 발견했다고 알려졌지만 자료는 남아 있지 않다.

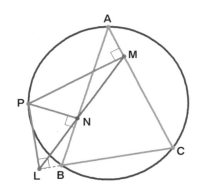

11 심슨의 정리

- 대략 … **삼각형의 외접원과 수선에 관한 정리!**
- 발견한 사람 **윌리엄 윌리스**(영국의 수학자)
- ➔ **1797년?**

삼각형ABC의 외접원 위의 점P에서 삼각형의 각 변 혹은 연장선상으로 수선을 내릴 때, 그 교점 L, M, N은 일직선상에 있다. 이 직선을 심슨 선이라고 하는데, 발견자는 심슨이 아니라 영국의 수학자 윌리엄 윌리스다.

12 와산의 기하의 정리

- 대략 … **원에 내접하는 다각형의 성질을 알 수 있는 정리!**
- 발견한 사람 **후지타 요시토키?**(일본의 와산가)
- ➔ **1807년?**

와산에서 기하 도형의 연구가 진행되어 많은 정리가 발견되었다. 그중 하나가 '원에 내접하는 다각형에서 한 개의 꼭 짓점을 지나는 현으로 나눌 수 있는 삼각형의 내접원의 반지름 합은 어떤 꼭 짓점에서도 일정하다'라는 것.

두 개의 도형에서 원의 반지름의 합이 같다.

13 홀디치의 정리

● 대략 … 폐곡선의 성질을 알 수 있는 정리!
● 발견한 사람 홀디치(그리스의 수학자)
➔ 1858년?

폐곡선(양 끝이 일치해 닫혀 있는 곡선)에서
어떤 일정한 길이의 현AB를, 양 끝이 곡선
상에 오도록 미끄러져 움직일 때, AB 위에
있는 한 점P의 궤적은 새로운 폐곡선을 그
린다.

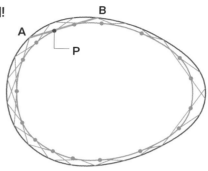

14 몰리의 정리

● 대략 … 삼각형의 내각에 관한 정리!
● 발견한 사람 프랭크 몰리(미국의 수학자)
➔ 1899년

어떤 삼각형ABC라도 내각을 삼등분해 선
을 긋고 교차하는 세 점을 P, Q, R이라고
하면, 삼각형PQR은 정삼각형이 된다.

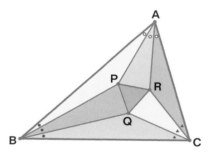

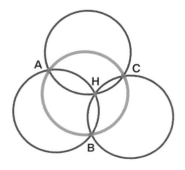

15 존슨의 정리

● 대략 … 원과 원의 교점에 관한 정리!
● 발견한 사람 로저 존슨(미국의 수학자)
➔ 1916년

세 개의 같은 원이 한 점H에서 만날 때, 두 개의 원의
H 이외의 교점을 각각 A, B, C라고 하면 세 점 A, B, C
는 세 개의 원과 같은 원의 원주상에 있다.

참고문헌

『物語 数学の歴史』加藤文元著 (中公新書)

『ビジュアル 数学全史』クリフォード・ピックオーバー著 (岩波書店)

『数学パズル大図鑑Ⅰ 古代から19世紀まで』イワン・モスコビッチ著 (化学同人)

『数学パズル大図鑑Ⅱ 20世紀そして現在へ』イワン・モスコビッチ著 (化学同人)

『考える力が身につく! 好きになる 算数なるほど大図鑑』桜井進監修 (ナツメ社)

『増補改訂版 算数おもしろ大事典IQ』秋山久義、清水龍之介 他監修 (学研)

『理系脳をきたえる!Newtonライト 数学のせかい 図形編』(ニュートンプレス)

『理系脳をきたえる!Newtonライト 数学のせかい 数の神秘編』(ニュートンプレス)

『理系脳をきたえる!Newtonライト 数学のせかい 教養編』(ニュートンプレス)

『理系脳をきたえる!Newtonライト 確率のきほん』(ニュートンプレス)

『Newton別冊 ニュートンの大発明 微分と積分』(ニュートンプレス)

『難しい数式はまったくわかりませんが、微分積分を教えてください!』たくみ著 (SBクリエイティブ)

『高校数学の美しい物語』マスオ著 (SBクリエイティブ)

『知って得する! おうちの数学』松川文弥著 (翔泳社)

『眠れなくなるほど面白い 図解 数学の定理』小宮山博仁監修 (日本文芸社)